山　乡
农业气象研究文集

邱振宇　著

气象出版社
China Meteorological Press

图书在版编目(CIP)数据

山乡农业气象研究文集 / 邱振宇著. --北京:气象出版社,2020.6

ISBN 978-7-5029-7206-6

Ⅰ.①山… Ⅱ.①邱… Ⅲ.①农业气象-文集 Ⅳ.①S16-53

中国版本图书馆 CIP 数据核字(2020)第 074862 号

Shanxiang Nongye Qixiang Yanjiu Wenji
山乡农业气象研究文集
邱振宇 著

出版发行:气象出版社		
地 址:北京市海淀区中关村南大街 46 号	**邮政编码**:100081	
电 话:010-68407112(总编室) 010-68408042(发行部)		
网 址:http://www.qxcbs.com	**E - m a i l**:qxcbs@cma.gov.cn	
责任编辑:王元庆	**终 审**:吴晓鹏	
责任校对:王丽梅	**责任技编**:赵相宁	
封面设计:北京时创		
印 刷:北京建宏印刷有限公司		
开 本:787 mm×1092 mm 1/32	**印 张**:2.5	
字 数:53 千字		
版 次:2020 年 6 月第 1 版	**印 次**:2020 年 6 月第 1 次印刷	
定 价:26.00 元		

前 言

大规模的农业生产都是在自然界中进行的，气象条件影响着农业生产的全过程，气象条件的变化对农业生产影响很大。研究农业生产与气象条件之间的关系，并将研究结果应用到农业生产中去，使其能够做到趋利避害，实现农业稳产高产，具有现实意义。

我国是世界上研究农业气象最早的国家之一。随着气象事业的发展，农业气象工作也在全国基层气象台站逐步展开。早在 20 世纪 60 年代，福建省各地（市）就建立了农业气象试验站（后有所调整），并逐步开展农业气象服务工作。基层台站也配备一些农业气象人员。当时的农业气象服务主要以"农用天气预报加农业措施建议"的形式展开，如中期天气预报或灾害性天气预报加农业措施建议。农业气象人员仅能按自己现有的农业生产知识提出一些建议。以现有气象要素对农业生产的影响而制作的农业气象专题预报（如产量预报、生育期预报、病虫害预报等）做得较少。实际上在当时基层台站，要全面开展这样的农业气象专题预报较难，因为当时农业气象人员素质不一，没有进行统一的技术培训和技术指导以及相应的工作任务要求。

在 20 世纪 70 年代,开始大面积种植杂交水稻,制种时常发生父母本花期相遇不准,严重影响制种产量,这是当时生产上急需解决的问题。1978 年作者通过分期播种试验,分别对杂交稻父母本的感温特性进行分析,希望能利用各自的感温特性,以积温预报生育期的方法建立亲本花期预报模式,来预报亲本花期相遇状况,以便农业部门采取适当措施加以调整。为此,作者撰写了《四优二号及其亲本的感温特性和齐穗期预报方法探讨》一文,引起有关部门重视。该文被收入《宁化科技》1979 年第 3 期内(内部刊物)。

1979—1981 年,作者参加"全国杂交稻气象科研协作组",对杂交稻制种花期相遇的积温稳定性和冷害指标进行研究。在积温稳定性研究方面,作者先后撰写了《杂交稻亲本不同叶龄的感温特性对花期积温稳定性的影响》《汕优六号制种花期相遇的积温稳定性试验报告》和《杂交稻亲本积温稳定性检验》三篇论文。它们分别在第一次(长沙举办)、第二次(佛山举办)和第三次(漳州举办)全国农业气象学术讨论会上宣讲,其中《杂交稻亲本不同叶龄的感温特性对花期积温稳定性的影响》一文被编入全国《杂交水稻气象条件研究文集(1979)》。《杂交稻亲本积温稳定性检验》一文获得了中央农委二等推广奖。

关于早稻冷害,1981年作者曾撰写了《早稻烂秧规律初步分析》一文,对早稻育秧期冷害的天气类型与气候规律进行初步分析。该文被收入《三明科技》(内部刊物)1982年第1期内。

在稻瘟病大流行与气象条件关系,以及预测预报防治技术方面,作者曾与三明市农业局吕蒲城等同志一起讨论撰写了《稻瘟病流行的气象分析和测报防治技术》一文,阐述雨日、雨量、冷害等气象条件以及不同品种、不同生育期的抗病性等因子对稻瘟病大发生的影响。该文刊登在《福建农业科技》1992年第3期上。据湖南图书馆提供的信息,该文被当年英国皇家农业局学术年会录用。

《福建省建宁境内中华猕猴桃气候生态考察报告》一文,是在当时的农业气候区划工作中,将野生中华猕猴桃气候生态作为当地农业气候资源调查的一个课题进行研究的。该果树主要分布在本市西部的泰宁、建宁、宁化、清流等县。根据样株立地环境的调查结果分析,发现影响中华猕猴桃自然分布主要气象因子是夏季的高温危害,所以当时有些单位虽然地处野生种的分布区(县)内,但由于选址不当,又没有解决好夏季高温危害问题,结果导致引种(人工栽培种)失败。该考察报告林龚模教授(福建农学院)评价比较高,他认为该报告很有用。该文被收入三明市农业局的《三明果树科技汇编》一书内。

本书是作者在从事农业气象工作期间所撰写的七篇论文的集成,可供农业气象工作者、农业技术人员以及农业院校和气象院校师生参考。

我国正在建立健全农业气象业务体系,农业气象业务实行国家、省、地、县四级布局。农村是农业气象服务的主要对象,深入农村,研究各地不同的地理环境、作物品种、耕作制度以及当地主要自然灾害与气象的关系,找出适合当地的农业气象服务指标,做到因地制宜、适时提供优质的农业气象服务产品,对提高农业生产率,具有重要意义。随着气象事业的发展,农业气象业务体系的不断完善,农业气象科研工作也一定能得到进一步加强,并为创建可持续发展的农村经济体系做出应有贡献。

邱振宇
2019 年春于福建省三明市气象局

目 录

四优二号及其亲本的感温特性和齐穗期预报方法探讨

我们采用分期播种方法,对四优二号及其亲本的感温特性进行探讨,在此基础上提出有关齐穗期预报方法。

一、感温特性

1. V41A 和 IV41B

不育系 V41A 和保持系 V41B 是以野败×广矮"3784"杂种一代的不育材料与珍汕 98 选系连续回交育成,属早籼中熟类型。1977 年我们在宁化县禾口公社农科站进行分期播种试验:V41A 和 V41B 从 3 月 10 日至 4 月 7 日分播 5 期;V41A 从 7 月 5 日至 8 月 1 日分播 5 期。为了分析播种至齐穗的生育天数与气温的关系,对各期的生育天数和总积温、生育期间的日平均气温(总积温÷生育天数)分别整理统计。可看出,V41A 和 V41B 愈是早播,生育天数愈多,积温值也愈高。另一方面,从生育天数与积温统计表看出,生育期间的日平均气温愈低,完成生育期所需要的天数就越多,而且它们有很好的线性关系。但不论是生育期与积温,还是生育期与平均气温,在不同的温度范围内,变幅都不一样。如 V41A 上半年播种的第 1 期与第 5 期,生育天数相差 19 d,积温相差 231 ℃ · d;而下半年播种的第 1 期与第 5 期,生育天数差 4 d,积温仅差 10.4 ℃ · d。同样,上半年生育期间日平均气温每升高 1 ℃,生育期间缩短 8.24 d(下称感温系数);下半年生育期间月平均气温每升高 1 ℃,生育天数仅缩短 3.05 d,见图 1。

显然对 V41A 而言,感温系数不是常数。所谓上半年和下半年这当然是个泛用的时间用语。从温度来看,似乎存在一个临界值,当气温升高到某一临界值时再继续升高,它的影响幅度就没有那么大。上半年生育期间日平均温度范围为 20~30 ℃,生育天数和气温关系的变幅大;而下半年生育期间的日平均气温的范围为 25~27 ℃ 则较稳定。从图 1 可以看出 V41A 的临界温度是在 23~24 ℃。

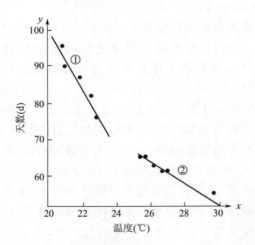

图 1 V41A 生育期平均温度与生育天数关系

①和②分别为上半年和下半年的温度与生育期关系曲线

① $y = 99.8 - 8.24(x - 20) \pm 1.3$

② $y = 66.7 - 3.05(x - 25) \pm 0.5$

保持系 V41B 只在上半年分播 5 期,感温系数为 7,和 V41A 对比相差 1.24,点聚图上它的分布点较散,初步认为可能与土壤中微环境反应有关——反应比 V41A 敏感。从本试验来看,除第 5 期外,其他 4 期大体一致,如果把第 5 期去掉统计,它的感温系数就变成 8.13,则和 V41A(8.24)相接近,直线方程为 $y=95.2-8.13(x-20)$,基本天数比 V41A 少 4.6 d。下半年我们没有做 V41B 的分期播种试验,这里采用 1976 年宁化县良种场的制种记录材料进行分析。V41A 在 7 月 15 日播种(生育期间日平均气温为 25.5 ℃)至齐穗为 69 d,V41B 在 7 月 16 日播种(生育期间日平均气温 25.5 ℃)至齐穗 66 d,在同一温度下比 V41A 生育天数少三天。另一组 V41A 7 月 9 日播种(生育期间日平均气温 26 ℃)至齐穗 67 d,V41B 7 月 13 日播种(生育期间日平均气温 26 ℃)至齐穗 63 d,比 V41A 生育关数少 4 d。两组情况基本相同,在下半年 V41B 的感温特性亦与 V41A 基本相似(图 2)。

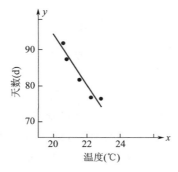

图 2　V41B生育期平均温度与生育天数关系
$$y=94.8-7(x-20)\pm1.6$$

2. IR24

1978 年在禾口农科站,自 5 月 3 日至 6 月 21 日分播 8 期,各期至齐穗生长期间的日平均气温为 25～27 ℃,这是宁化县中稻和晚稻制种季节常年的气温条件。从图 3 可以看出,它的生育天数和生育期间的日平均气温也存在线性关系。日平均气温越高,生育天数越少,感温系数为 6.67,感温性较强。在夏季它的感温系数是不育系 V41A 的两倍。另一方面,它们的统计点在回归直线两旁分布比较分散,最大误差为 3 d,它对营养环境的反应亦属比较敏感。

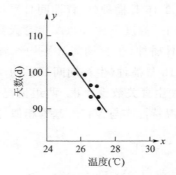

图 3　IR24 生育期平均温度与生育天数关系

$$y = 105.8 - 6.7(x - 20) \pm 1.8$$

3. 四优二号

四优二号是"V41A × IR24"配制的杂种一代。这里用 1978 年的三个试验材料进行分析:河龙试验点(气象哨)自 3 月 28 日至 5 月 16 日分播 8 期;禾口试验点(禾口公社农科站)自 2 月 24 日至 3 月 31 日分播 6 期;另一个试验材料是宁化县农科所提供的,自 3 月 25 日至 6 月 30 日共播 11 期(第

11 期未列入统计)。从图 4 看出,在春季播种至齐穗生育期间日平均气温在 24 ℃以下,平均气温与生育天数成直线关系,感温系数较大;生育期间日平均气温在 23.5 ℃以上,感温系数变小。这些特性与亲本(如 V41A)基本相同,说明四优二号的感温特性主要由双亲的遗传所决定的。同样它的积温也不是一个常数。

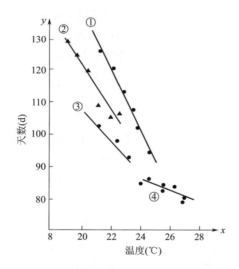

图 4 四优二号生育期平均温度与生育天数关系
直线方程
① $y = 140 - 10(x - 20) \pm 1.8$(河龙)
② $y = 123 - 7.7(x - 20) \pm 2.3$(禾口)
③ $y = 109 - 5.5(x - 20) \pm 2.3$(宁化)
④ $y = 93 - 1.8(x - 20) \pm 1.5$(宁化)

另外,在相同的气温条件下,由于地区不同,它的生育天数

和积温也不相同。如河龙试验点的第 2 期日平均气温 22.1 ℃，
生育天数 120 d；禾口试验点的第 5 期日平均气温 22.0 ℃，生育
天数 106 d；宁化农科所的第 2 期日平均气温 22.3 ℃，生育天数
只有 98 d。初步认为，生育天数除了气温影响之外，还由于水温
影响所致，河龙试验点海拔 660 m，用山泉水直接灌溉，它的"以
基本天数"——即直线方程中的常数项最大，宁化农科所和禾
口试验点海拔在 350～400 m，尚须作进一步试验。

　　最后，为了检验上述试验的代表性，我们又查阅了在汤川
农业气象试验点 1977 年撰写的"山区闽优一号中稻制种几点
初步认识"和在尤溪县气象站与良种场撰写的"闽优一号及其
三系分期播、插和不同留头高度再生试验小结"两篇有关四优
二号的统计材料，并把它做成图 5 和图 6。从图 5 可以看出，
父本 IR24 在旱季低温（22～24 ℃）下，生育天数和感温系数
都比在夏季高温期（25～27 ℃）为多。IR24 的相对误差比四
优二号（图 6）大，这种情况亦和上述情况相同。

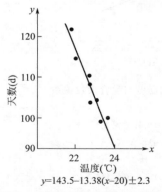

$$y=143.5-13.38(x-20)\pm2.3$$

图 5　汤川农试站 IR24 生育期
平均温度与生育天数关系

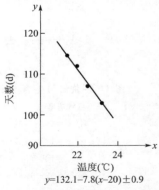

$$y=132.1-7.8(x-20)\pm0.9$$

图 6　尤溪良种场四优二号生育
期平均温度与生育天数的关系

几点看法：

1.由于感性系数不同,四优二号及其亲本无论正积温、活动积温或有效积温都不是一个常数。

2.V41不育系和保持系,感温特性基本相同,生育期间日平均气温在24 ℃以下,感温系数大,24 ℃以上感温系数小。

3.恢复系IR24感温系数在夏季比V41A大一倍多,同时它的生育天数受土壤微环境影响较大。

4.四优二号的感温特性由其"双亲"的遗传所决定,它的感温特性与V41A基本相同。

5.影响感温性品种的生育天数,除气温之外,水温也是重要因素之一,这点有待于进一步进行试验。

二、感温系数预报法

感温系数预报法和有效积温预报法的统计方法一样,一般都是采用最小二乘法,如关于"生物学起点温度"的统计采用下式：

$$B = \frac{N\sum XY - (\sum X)(\sum Y)}{N\sum X^2 - (\sum X)^2}$$

$X = $ 生育日数
$Y = $ 正积温
$B = $ 起点温度
$N = $ 样品个数

它的意思是说,生育天数和正积温呈线性关系,生育天数每增加一天,正积温会增加 B ℃。因此 B 值实际上是统计上假定的起点温度。就以四优二号的试验材料为例,用这种方法统计,河龙试验点的 B 值是9.5。宁化县农科所的 B 值是：上季(第1～5期计)7.1,下季(第4～10期计)－5.7。这样一个品种的生物学起点温度在－5.7～9.5"的变化范围,这显然没有正确反映生物学规律。

用"生物测定法"找出四优二号的生物学起点温度,其局限性在于,因为就是生物起点温度以上,水稻在不同地区种植,生长速度对气温的反应程度也是不同的,变化幅度不一,有效积温不可能是个常数。从 1978 年分期播种试验来看,四优二号及其亲本对气温的反应上还存在一个 24 ℃ 左右的临界温度,它们的正积温和生育天数的关系是一条曲线,所以如果把它当作一条直线来做预报必然出现很大的误差。只有在什么地方求出来的"起点温度"就在什么地方用,才是有效和可行的。但这样一来,同一品种由于地区不同,便会有众多不同的生物学起点温度。

我们认为,用日平均气温来研究感温特性,比用积温更为方便明了。对于感温系数的求算也是用最小二乘法。以 K 表示感温系数,Y 表示生育天数,X 表示生育期间的日平均气温,N 表示样品个数,则有公式:

$$K = \frac{N \sum XY - (\sum X)(\sum Y)}{N \sum X^2 - (\sum X)^2}$$

为了求算方便和求算出来的"基本天数"更直观(高寒地区和早播早稻常见)和易于说明问题,在计算时把各样品生育期间的日平均气温"X"减去"20"(用 X' 表示),这样求算出来的"基本天数"就是在日平均气温 20 ℃ 以下的生育日数。以 A 代表"基本天数",即有公式:

$$A = \overline{Y} - K\overline{X}' \qquad \overline{Y} = \frac{\sum Y}{N} \qquad \overline{X}' = \frac{\sum (X - 20)}{N}$$

感温系数 K 的意思是:当生育期间的日平均气温每升高

1 ℃，生育天数会减少 K 天，日平均气温在 20 ℃ 之下的生育天数已从上式求出，其他气温下的生育天数预报方程即：

$$\hat{Y} = A + K(X - 20)$$

几点说明：

1. 感温系数的确定：感温系数的准确性是预报成败的关键。影响感温系数统计的主要因素有四个方面：首先是原始资料来源，分期播种材料是比较理想的，但在实际工作中往往没有这样现成的材料，那就得由调查材料取得，这时就必须考虑代表性问题。应选那些能代表本地区大田状况的材料。对已采取了促（或控）措施的，不宜用来统计感温系数。其次，在算好生育天数和生育期间日平均气温后，在坐标纸上做出点聚图，看它是否呈线性关系，如果没有这样的关系，就不必去统计。如果是曲线，应按曲线处理。第三，调查的样品个数一般要有 10 个以上，但还要看调查材料所代表的温度范围。比如说现有调查材料 20 个，它们生育期间的日平均气温都在 25.5～26 ℃ 之间，这些材料把它做成点聚图，其散点必然是一团，在这种情况下统计感温系数就没有意义。因为在应用回归分析时不能把回归直线无限延长来做预报。

2. 如果调查不到足够的样品个数来求算感温系数，也可以用临近土壤、气候和地形基本相同的生产单位求算出的感温系数来做预报，但最好以一个该地区生育期间日平均气温变幅中间值的调查材料来定基本天数。如某地生育期间的日平均气温为 20～24 ℃，一个调查材料日平均气温 22 ℃ 生育天数是 84 d，预报方程即：$\hat{Y} = 84 + K(X - 22)$，这样可以减少预报误差的绝对值。在具体应用时，先用历年平均值做一个"候后天数与日平均气温查算表"，这样可以避免每次预报都进行统计。例如 IR24 在 3 月 15 日播种,预报其齐穗期;据长期气候分析,当年气温属正常年份,又据该地区 IR24 生育天数与日平均气温的关系式:$Y=143.5-13.38(X-20)$。从"查算表"查得第四候后 130 天的日平均气温为 21.2 ℃,预报方程可写为:$Y=143.5-13.38(21.2-20)=127.4(d)$,即在 3 月 15 日播种将在 127 天后(或说在 7 月 20 日)齐穗。也可以用同样的道理做个"候前天数与日平均气温查算表"来预报某一天齐穗必须在什么时间播种,这种算法对杂交水稻制种比较好用。

杂交稻亲本不同叶龄的感温特性对花期积温稳定性的影响

关于杂交稻亲本花期的预测,通过生产实践,各地总结了一些较成功的经验。但是由于三明地区地形复杂,局地气候差异大,所以有些经验的应用,受到播种季节和局地气候差异的限制。1979年本点以自然分期播种为主,辅以不同秧龄处理,并对叶龄与主要生育期进行系统观测,来探讨杂交稻花期积温的稳定性。试验从4月8日至7月19日,每隔10天播1期,共播11期,六叶期移栽,试验小区采用顺序排列法,按当地一般生产水平管理。供试品种:汕优六号、IR26和珍汕97A。现根据试验结果,就杂交稻亲本不同叶龄和感温特性对花期积温稳定性的影响,初步分析如下。

一、几种积温的比较

关于积温的计算,目前有:正积温、活动积温、有效积温和减去上限的有效积温等方法。表1是播种至抽穗不同积温计算法的效果比较。从这里可以看出,正积温(>0 ℃)变幅最大,活动积温(>10 ℃)次之,有上限的"有效积温"($12\sim26$ ℃)变幅最小,而用最小二乘法统计出来的"有效积温"变幅,有的反而比"设想的有效($12\sim26$ ℃)积温"大。这主要是各种不同统计法求出的数值含义不同所致,实际预报效果应把积温变幅换算成天数才能说明问题。就以汕优6号来说,正积温

变幅是 112.4 ℃·d,而 12～26 ℃ 范围内的积温变幅只有
92.6 ℃·d,三明地区正常制种季节抽穗期平均气温多在 28 ℃
以上,那么正积温的变幅天数是 112.4÷28＝4(d),有效积温
(12～26 ℃)的变幅天数是 97.6÷(28-12-2)＝7(d)。换句
话说,正常积温 112.4 ℃·d 只需 4 d 的积累就够了,而有效
积温 97.6 ℃·d 却要 7 d 才能积累起来。抽穗期日平均气温
在 28 ℃情况下的四种不同积温极差与天数关系见表2。从表
2 看出,用最小二乘法统计出来的有效积温折为天数误差最
小,而用活动积温和 12～26 ℃ 范围的积温统计效果甚至还不
如用正积温。

表 1　　不同积温效果比较(播种至抽穗)　单位:℃·d

品种	正积温 (>0 ℃)		活动积温 (>10 ℃)		有效积温 (12～26 ℃)		回归分析	
	平均	极差	平均	极差	平均	极差	平均	极差
IR26	2522.5	252.3	1533.5	180.7	1235.6	151.1	1886.6	166.5
珍汕 97A	1877.2	236.2	1148.2	139.9	925.0	98.8	1411.4	130.7
汕优 6 号	2324.8	112.4	1419.8	125.4	1141.0	97.6	1916.6	81.7

表 2　　不同积温与天数极差对照

品种	正积温 (>0 ℃)		活动积温 (>10 ℃)		有效积温 (12～26 ℃)		回归分析	
	积温 (℃·d)	天数 (d)	积温 (℃·d)	天数 (d)	积温 (℃·d)	天数 (d)	积温 (℃·d)	天数 (d)
IR26	252.3	9.0	180.7	100	151.1	10.9	166.5	7.7
珍汕 97A	236.2	8.4	139.9	7.8	988	7.1	130.7	6.1

品种	正积温（>0 ℃）		活动积温（>10 ℃）		有效积温（12~26 ℃）		回归分析	
	积温（℃·d）	天数（d）	积温（℃·d）	天数（d）	积温（℃·d）	天数（d）	积温（℃·d）	天数（d）
汕优6号	112.4	4.0	125.4	7.0	97.6	7.0	81.7	3.5

注："天数"是以日平均气温28 ℃换算的。

三个品种中正积温以汕优6号较为稳定，把10期（第11期因遇寒流不能正常抽穗故不参加统计）的正积温极差换算成天数只有4 d，要是选一个适当的近似中间值做预报，误差可以降到3 d以下，现在的问题是这个积温范围是否稳定，还需要加以讨论。另外，父本IR26的正积温，活动积温和有效积温（12~26 ℃）极差分别为9 d、10 d和11 d，稳定性最差，这是否说明它是感光性强而感温性较差的品种，下面还将进一步讨论。

二、播期对总叶龄和积温的影响

各品种不同播期的总叶片数见表3。IR26的叶片数为16.8~18.8片，相差2片，而珍汕97A和汕优6号的变化幅度分别为13.1~14.4片和15.4~17.0片，差异较小。大体上说早播叶片数多，迟播叶片数少。但从表3所列逐期情况来看，却并不完全如此，尤其第5期，三个品种的叶片数显著减少，这可能与花芽分化期的气温有关，当基本营养生长期结束，外界条件又适于花芽分化，则生长点不再分化叶原始体，而分化成花芽，因而营养生长期缩短，总叶片数减少。第5期由于生长期没有碰到较强的低温,花芽分化的感温期又没有碰到过高的气温,对花芽分化有利,因此叶片数明显减少。

表 3　不同播期与总叶龄

品种	播期序号										
	1	2	3	4	5	6	7	8	9	10	11
IR26	18.8	17.9	17.3	17.2	16.8	17.6	17.6	17.9	17.4	17.4	16.9
珍汕 97A	14.4	14.1	13.7	14.3	13.3	13.5	13.6	13.9	13.6	13.7	13.1
油优 6 号	16.6	16.5	17.0	16.8	15.9	16.5	16.4	16.4	16.5	16.0	15.4

野口弥吉[1]曾把感温品种农林 16 号的稻株,从第一到第四叶依次剪除并培养在高温下,结果剪除第四叶的植株出穗推迟,说明第四叶起为"高温"敏感期。确认农林 16 号基本营养生长期在第四叶已经终了。本试验点的同期播不同叶龄移栽的试验结果得知,IR26 与珍汕 97A 在八叶期移栽的幼穗分化期比七叶期以前移栽的明显推迟,而四叶到六叶期移栽的幼穗分化期差异不大。可以设想,七叶期应是这两个品种进入花芽分化的起码叶龄,它是该品种固有的遗传特性,尔后叶片数的多少受环境条件影响。对于感温品种,这一时期气温达不到一定的强度或过高,就不能进行花芽分化,继续营养生长,结果总叶龄增加。这可能是用叶龄预测花期准确率不高的一个原因,同时它也必然影响到花期积温的稳定性。

三、不同叶龄的感温特性对积温的影响

一般说来,在水稻的正常生长季,气温愈高生长愈快,气温愈低生长愈慢,而且某些作物或品种,完成一个特定的生育阶段,每天平均气温的累积是一个常数。换句话说,它们生育

期间的日平均气温与实际生育天数和乘积是一个常数,这个概念用来统计水稻从播种至抽穗的积温就必然会有误差,虽然在某些相同的气候类型下积温相似,但那不是它的本质。从水稻的大多数常规品种看,幼穗分化期至抽穗一般都在30~35 d,在较大的温度范围内,受气温影响较小,在此期间如是高温季节,积温显然会偏多,反之亦然。所以把这段时间积温和营养生长期混合起来统计,就不能反映气温对水稻影响的客观规律,甚至感温性很强的品种,也会被认为是感温性不强的品种。从 IR26 播种至抽穗的积温统计结果看,积温与生育天数相关的置信度很低($\alpha > 0.10$),也就是说它们之间没有线性关系,但我们在花芽分化期的统计中发现这个品种幼穗分化早迟与平均气温是高度相关的($\alpha = 0.001$)。

据研究,作物发育的速度受到三种基本温度——起点温度、最适温度和上限温度的影响,同时也影响到积温的计算。更值得注意的是,在营养生长、生育转换期(花芽分化期)和幼穗发育等不同发育阶段,对这三种温度的要求也不同。

从本试验的出叶速度看,大体上是早播气温低、出叶慢,迟播气温高、出叶快。图 1 是三个品种播种至十一叶期的天数与播期的关系。从图 1 看出,播种至十一叶期三个品种的出叶速度基本相似,实际上十一叶期以前各叶龄也都是这样,到十三叶后三个品种的出叶速度才有明显差异。这说明气温高低对水稻出叶速度的影响强度、品种间差异不大。

水稻苗期的起点温度和上限温度已经有较多研究。一般认为,起点温度是 10~12 ℃,上限温度为 40~45 ℃,最适温度为 30~33 ℃。本试验由于开始播种时气温较高,所以看不出生物学起点温度的近似值。用积温与生育天数来统计珍汕

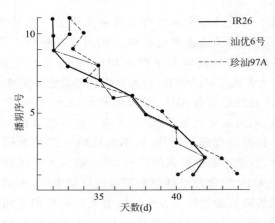

图 1   播种至十一叶天数与播期关系

97A 起点温度的假定值是 1.3 ℃,实际上它们之间不存在线性关系,因此这种统计是没有意义的。

珍汕 97A 播种至 7 叶的生育天数、生育期间日平均气温和积温的情况如表 4。从表 4 看出,第 7 期生育期间平均气温

表 4   珍汕 97A 播种至七叶的积温、天数、平均气温

项目	播期序号										
	1	2	3	4	5	6	7	8	9	10	11
积温 (℃·d)	483.0	508.8	517.5	528.0	517.0	482.0	467.4	514.9	549.1	509.4	492.2
天数 (d)	23	24	25	24	22	20	19	19	19	18	18
平均 温度 (℃)	21.0	21.2	20.7	22.0	23.5	24.1	24.6	27.1	28.9	28.3	27.3

24.6 ℃,生育天数为 19 d,积温 467.4 ℃·d,第 9 期日平均气温 28.9 ℃,生育天数也是 19 d,而积温却增至 549.1 ℃·d。第 7 期以后各期气温都比第 7 期高,但生育天数却没有明显缩短。这里我们初步认为,油优 6 号及其亲本的基本营养生长期最适温度在 24.6 ℃左右,高于这个温度对出叶速度没有明显促进而积温却明显增加。

关于水稻抽穗的温度指标,一般认为起点温度约 18 ℃,有效温度在 20 ℃。根据野口弥吉等[2]的试验:在 15 ℃下,早熟品种在 100 d 以上,迟熟品种甚至将近一年以后才有花芽形成。这已接近水稻营养生长的起点温度。土井弥太郎[3]把水稻陆羽 132 号培养在 17 ℃、20 ℃和 23 ℃种温度下,结果在 17 ℃低温下,虽看到幼穗形成但最终则不能抽穗,在 20 ℃条件下都能抽穗,但抽穗期延长,而在 23 ℃条件下生长的,抽穗期的延长不显著。从这些试验研究结果说明:水稻的幼穗分化和幼穗发育所要求的温度条件也是不一样的。至此,我们有理由认为,水稻抽穗的迟早与幼穗分化期有关,而幼穗分化期的迟早又与该品种的基本营养生长期的长短和其后的环境条件——对感温型品种来说主要是温度条件有关。如前所述,水稻自幼穗分化至抽穗所需要的日数在自然生长季是相对稳定的。受气温影响较小,因此基本营养生长期结束后至幼穗分化期间的气温高低就成为决定水稻抽穗迟早的关键因素之一。

我们在不同秧龄处理中看到,七叶期移栽的比七叶期以前各叶龄移栽的,幼穗分化和抽穗期被明显推迟。假定 IR26 的基本营养生长期在第七叶结束,并开始产生"成花激素"和促进花芽分化,其促进强度又受到气温高低所左右。七叶至幼穗出现的天数与这期间日平均气温统计结果见表 5。从表 5 可以看出，七叶至幼穗出现，期间日平均气温在 26.3 ℃的第 11 期生育天数最短（仅 35 d），积温最少。而温度更高或更低的，幼穗分化期均被推迟，却天数较多，积温也偏多。说明 IR26 花芽分化期的最适温度约为 26.3 ℃，期间日平均气温与幼穗形成速度的相关程度如图 2 所示。在图 2 看到，气温对幼穗形成速度的影响不论是低温至适温，或高温至适温，都有高度的线性关系，证明 IR26 七叶至幼穗出现这段时间是对温度敏感的生理阶段，也说明它是一个感温性强的品种。

表 5　IR26 七叶至幼穗分化天数、平均气温、积温

项目	播期序号										
	1	2	3	4	5	6	7	8	9	10	11
积温 (℃·d)	1137.3	1108.0	1015.3	956.4	998.7	1140.1	1152.1	1204.1	1068.3	1004.2	920.0
天数 (d)	51	47	41	37	37	41	41	43	39	37	35
平均 气温 (℃)	22.3	23.6	24.6	25.8	27.0	27.8	28.1	28.0	27.4	27.1	26.3

综上所述，IR26 花芽分化期间日平均气温愈接近适温，幼穗形成愈早，完成花芽分化所需要天数就愈少，积温也愈少。花芽分化期间日平均气温高于适温或低于适温，均使生育天数和积温增加。

汕优 6 号七叶至幼穗出现的感温特性与 IR26 基本相似。

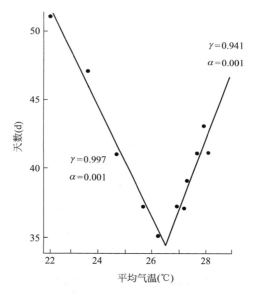

图 2　七叶至花芽形成天数与气温关系（IR26）

　　珍汕 97A 却与上述两个品种差异较大。首先,在统计过程中看到,这个品种六叶期至幼穗形成的发育速度与日平均气温的线性关系比七叶期至幼穗形成的相关性更高,这可能与该品种全育期较短,基本营养生长期也较早结束有关。另外,从图 3 看出,珍汕 97A 六叶至幼穗形成期间的日平均气温 20.8 ℃至 24.9 ℃（1～5 期）范围内,温度愈高生育天数愈少,有明显线性关系,而在 26.9～28.5 ℃（0～11 期）范围内,气温高低对幼穗形成速度却没有明显的影响。关于积温变化,1 至 7 期中除第 4 期（659.9 ℃·d）外,均在 596.8～618.3 ℃·d,变幅仅 21.5 ℃·d,如果换算成天数只有 1 d,而 8 至 11 期都有

549.7～656.1 ℃·d 的变化范围,变幅 6.4 ℃·d。表现下半年的积温更不稳定,这是否由于上半年气温由低到高与下半年气温由高到低的不同气候类型,对珍汕 97A 产生不同的影响,有待进一步研究。

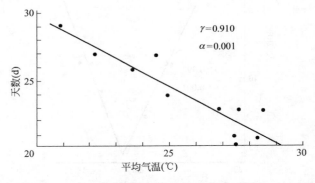

图 3　六叶至花芽形成天数与气温关系(珍汕 97A)

四、小结

1. 根据本点试验,在山区不同播期积温变异较大。现有数种积温统计法中,仍以回归分析的直线方程预报较好。用假定的起点及上下限温度统计积温,有时甚至比正积温预报的效果更差。

2. 同一品种,花芽分化的顺利与否表现为总叶片数的多少,因此可以认为总叶片数的变异是影响积温稳定性的一个因素。

3. 十一叶期以前,日平均气温高低对汕优 6 号及亲本出叶速度的影响基本相同。基本营养生长期(一叶至七叶期)的日平均气温高至 24.6 ℃生育天数最少。高于这一温度对出叶速度没有明显促进，而积温增加。初步认为基本营养生长期的最适温度在 24.6 ℃左右。

4. 基本营养生长期结束到花芽出现的生育转换期，对温度的要求与营养生长期不同。品种间感温特性存在明显差异。

参考资料：

[1] 野口弥吉.水稻幼穗形成机制的研究(1958-1959),稻作研究[M].周拾录编译.上海:上海科学技术出版社.

[2] 野口弥吉,镰田悦男.花芽形成对温度的反应[J].中国科学技术编译委员会译.水稻译丛,1966(4):65-66.

[3] 土井弥太郎."水稻的环境"稻作综合研究[M].北京:农业出版社,1959.

汕优六号制种花期相遇的
积温稳定性试验报告

  本试验以自然分期播种为主,辅以不同秧龄处理并对某些生育特性进行系统观测,来摸索较合理,较正确的积温预报方法。

一、试验方法

  从 4 月 8 日至 7 月 19 日,每隔 10 天播 1 期,共播 11 期,湿润育秧。

  秧龄处理采用两种形式:(1)同期播种,不同叶龄移栽。(2)不同播期,同期移栽,供试品种:汕优六号、IR26、珍汕 97A。

二、试验结果与讨论

  出叶速度及叶龄 各品种不同播期的叶片数见表1。IR26 的叶片数为 $16.8 \sim 18.8$,相差两片,而珍汕 97A 和油优 6 号的变化幅度分别为 $13.1 \sim 14.4$ 和 $15.4 \sim 17.0$,差异较小。大体上说早播叶片数多,迟播叶片数少。但从逐期来看并不完全如此。尤其第五期,三个品种的叶片数显著减少,这可能与花芽分化期的气温有关,当基本营养生长期[1]结束,外界温度条件只适于花芽分化,则生长点不再分化叶原始体,而分化成花芽。第五期由于前期没有碰到较强的低温,花芽分化的敏感期又没有碰到高温(上限以上的气温),因此叶片数明显减少。

表1　各品种叶片数　　　　　　单位:片

品种	播期序号										
	1	2	3	4	5	6	7	8	9	10	11
IR26	18.8	17.9	17.3	17.0	16.8	17.6	17.6	17.9	17.4	17.4	16.9
珍汕97A	14.4	14.1	13.7	14.3	13.3	13.5	13.6	13.9	13.6	13.7	13.1
汕优号	16.6	16.5	17.0	16.0	15.9	16.5	16.4	16.4	16.5	16.0	15.4

野口弥吉[2]曾把感温品种农林16号的稻株,从第一到第四叶依次剪除并培养在高温下,结果剪除第四叶的植株出穗迟,说明第四叶起为"高温"敏感期,确认农林16号基本营养生长期在第四叶已经终了。本试验点的同期播不同叶龄移栽的试验结果如表2。

表2　不同叶龄移栽的天数与积温

品种	播种期（月-日）	播种—移栽		播种—幼穗分化		播种至抽穗日数（d）
		天数（d）	叶龄	天数（d）	积温（℃·d）	
IR26	5-15	14	4	54	1300.4	90
	5-15	20	6	55	1350.2	90
	5-15	31	8	57	1407.7	93
	5-15	43	10	57	1407.7	95
珍汕97A	5-15	16	5	41	958.9	69
	5-15	20	6	41	958.9	70
	5-15	25	7	42	9060	69
	5-15	31	8	45	1064.6	71

续表

品种	播种期 （月-日）	播种—移栽		播种—幼穗分化		播种至抽 穗日数 （d）
		天数 （d）	叶龄	天数 （d）	积温 （℃·d）	
汕优 6 号	5-15	14	4	51	1232.1	85
	5-15	20	6	53	1290.4	85
	5-15	20	8	53	1290.4	87
	5-15	41	10	50	1436.0	94

　　从表 2 可以看出，IR26 与珍汕 97A 在八叶期移栽的幼穗分化期比七叶期以前移栽的明显推迟，而四叶到六叶期移栽的幼穗分化期差异不大。可以设想这两个品种进入花芽分化的感温期是七叶期，分期播种的第五期由于基本营养生长期间没有遇较强的低温，营养生长到生殖生长的转换期气温又不过高，没有高温障碍，因此发育快，幼穗分化早，叶片数也少。

　　关于出叶速度，大体上说，早播气温低出叶慢，迟播气温高出叶快。图 1 是三个品种播种至十一叶期的天数与播期的关系。从图 1 可以看出，在十一叶期三个品种的出叶速度基本上一致。实际上十一叶以前各叶龄也都是这样，至十三叶后三个品种的出叶速度才有显著差异。叶龄与幼穗分化期的关系，IR26 与珍汕 97A 表现不同，珍汕 97A 都在十二叶期前后一、二天观测到幼穗，其中头 4 期在十二叶期或后 1~2 天，后 7 期都在十二叶期前 1~2 天。IR26 幼穗分化与叶龄的关系如图 2 所示，它的幼穗分化期虽然也都在十六叶期前后，但它们的变化幅度从十六叶期前 6 天至十六叶期后 9 天，差异较大。就总的变化趋势来看，出叶期与幼穗分化期完全不同。

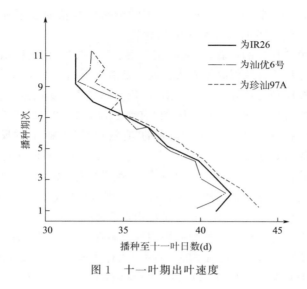

图 1　十一叶期出叶速度

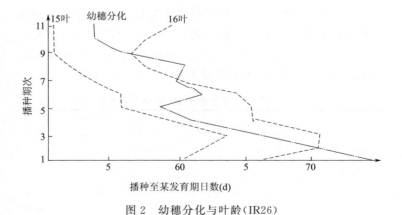

图 2　幼穗分化与叶龄（IR26）

看来,在不同气候类型下,直接用叶龄来做抽穗期预报准确率是较低的。下面谈几种积温的比较。

关于积温的计算,目前有正积温、活动积温、有效积温和减去"上限"的有效积温等方法。表3是播种至抽穗不同积温算法的效果比较。从表3可以看出,正积温(>0 ℃)变幅最大,活动积温(>10 ℃)次之,有上限的"有效积温(12~26 ℃)"变幅最小,而用"最小二乘法"统计出来的"有效积温"变幅,有的反而比设想的有效积温(12~26 ℃)大。这主要是各种不同统计法求出的数值含义不同所致。实际预报效果应把积温换算成天数才能说明问题。就以油优6号来说,正积温变幅是11~2.4 ℃·d,而12~26 ℃范围内的"有效积温"变幅只有97.6 ℃·d。三明市正常制种季节抽穗期平均气温多在28 ℃以上,那么正积温的变隔天数是112.4÷28≈4(d)。"有效积温"(12~26 ℃)的变幅天数是97.6÷(28-12-2)≈7(d)。换句话说,正积温112.4 ℃·d只需4 d的积累就够了,而"有效积温"97.6 ℃·d即要7 d才能积累起来,抽穗期日平均气温在28 ℃情况下的四种不同积温极差与天数关系如表4。从表4可以看出,用最小二乘法统计出来的有效积温折为天数误差最小,而用活动积温和12~26 ℃范围的积温统计效果甚至还不如用正积温。

表3　不同积温效果比较(播种至抽穗)　单位:℃·d

品种	正积温(>0 ℃)		活动积温(>10 ℃)		有效积温(12~26 ℃)	
	变幅	极差	变幅	极差	变幅	极差
IR26	204.54~2657.7	252.3	1444.1~1624.8	180.7	116.36~1314.7	151.1
珍汕97A	1749.2~1985.4	236.2	1069.2~1209.1	139.9	867.2~966.0	98.8
油优6号	2275.0~2387.4	112.4	1356.8~1482.2	125.4	1093.6~1191.2	97.6

表4　不同积温与天数极差对照

品种	正积温 (＞0 ℃)		活动积温 (0＞10 ℃)		有效积温 (12～26 ℃)		回归	
	积温 (℃·d)	日数 (d)	积温 (℃·d)	日数 (d)	积温 (℃·d)	日数 (d)	积温 (℃·d)	日数 (d)
IR26	252.3	9.0	180.7	10	151.1	10.8	166.5	7.7
珍汕 97A	236.2	8.4	139.9	7.8	98.8	7.1	130.7	6.1
汕优 6 号	112.4	4	125.4	7.0	97.6	7.0	81.7	3.5

　　积温的不稳定性。一般来说,在水稻的正常生长季,气温愈高生长愈快,气温愈低生长愈慢,而且某些作物或品种,完成一个特定的生育阶段,每天平均气温的积温接近一个常数,换句话说,它们生育期的日平均气温与实际生育天的乘积接近一个常数。这个概念用来统计水稻具体播种至抽穗的积温就必然会有误差,虽然在某些相同的气候类型下积温相似,但那不是它的本质。从水稻的大多数常规品种来看,幼穗形成至抽穗一般都在 30～35 d。在较大的温度范围内,受气温的影响较小。在此期间如是高温季节,积温显然会偏多,反之亦然。所以把这段时间的积温和营养生长期积温合起来统计,就不能反映气温对水稻影响的客观规律,甚至感温性很强的品种,也会被认为是感温性不强的品种。从 IR26 播种至抽穗的积温统计结果看,积温与生育天数相关的置信度很低(α＞0.10),也就是说它们之间没有线性关系。但是,我们在花芽分化期的统计中发现,这个品种幼穗形成快慢与平均气温是高相关的(α＝0.01)。统计结果如表5。

表5 七叶至幼穗分化生育日数与气温（IR26）

播种期次	生育期（月-日）			七叶—幼穗分化		
	播种	7叶	幼穗分化	积温（℃·d）	生育日数（d）	平均温度（℃）
1	4-8	5-1	6-21	1137.3	51	22.7
2	4-20	5-14	6-30	1108.0	47	23.6
3	4-30	5-25	7-5	1015.3	41	24.6
4	5-10	6-3	7-10	956.4	37	25.8
5	5-20	6-11	7-18	998.7	37	27.0
6	5-30	6-20	7-31	1140.1	41	27.8
7	6-9	6-28	8-8	1152.1	41	28.1
8	6-19	7-8	8-2	1204.1	43	28.0
9	6-29	7-17	8-25	1068.3	39	27.4
10	7-9	7-26	9-1	1004.3	37	27.1
11	7-19	8-7	9-11	920.0	35	26.3

据研究,作物发育的速度受到三种基本温度——起点温度、最适温度和上限温度的影响,同时也影响到积温的计算。更值得注意的是营养生长、生育转换期（花芽分化期）和幼穗发育等不同发育阶段,对这三种温度的要求也不同。

对于水稻苗期的起点温度和上限温度,已经有较多研究,一般认为起点温度是 10～12 ℃,上限温度 40～45 ℃,最适温度 30～33 ℃。用本试验资料来统计播种至七叶期的生育日数与生育期间平均气温的关系,结果如图3。由于试验开始播种时气温较高,所以看不出真正的生物学起点温度的近似值。用积温与生育天数来统计起点温度的假定值是 152 ℃·d。

从图 3 可以看出,气温愈高,出叶愈快,生育期间日平均气温最高的是第 9 期——17 d,生育期间日平均气温为 28.4 ℃。可见 IR26、珍汕 97A 和油优 6 号的最适温度在 28 ℃左右,超过这个温度出叶速度减慢,积温偏多。

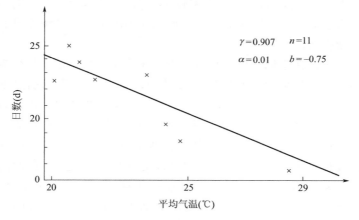

图 3　珍汕 97A 播种至七叶日数与气温

关于水稻抽穗的温度指标,一般认为起点温度约 18 ℃,有效温度约在 20 ℃。据野口弥吉等[3]的试验,在 15 ℃下,早熟品种要在 100 d 以上,迟熟品种甚至将近一年以后才有花芽形成。这已接近水稻营养生长的起点温度。土井弥太郎[1]把水稻"陆羽 132 号"培养在 17 ℃、20 ℃和 23 ℃三种温度下,结果在 17 ℃低温下,虽看到幼穗形成,但是最终不能抽穗。在 20 ℃条件下都能抽穗,但抽穗期延长,而在 23 ℃条件下生长的,抽穗期的延迟不显著。从这些试验研究结果说明,水稻的花芽分化和幼穗发育所要求的温度条件也是不一样的。至此，我们有理由认为，水稻抽穗的迟早与幼穗形成期有关，而幼穗形成的迟早又与该品种的基本营养生长期的长短和其后的环境条件——对感温型品种来说主要是温度条件有关。如前所述，水稻自花芽形成后至抽穗所需要的日数在自然生长季是相对稳定的，受温度影响较小。因此，基本营养生长期结束后至幼穗形成期间的气温高低就成为决定水稻抽穗迟早的关键因素。

我们在不同秧龄的处理试验中看到（表2），七叶期移栽的比七叶期以前各叶龄移栽的，幼穗形成和抽穗期的明显推迟。今设定IR26的基本营养生长期在第七叶结束，并开始产生"成花激素"和促进花芽分化。其促进强度又受到的气温高低所左右。七叶期至幼穗出现时的日数与期间平均气温统计结果见表5。从表5看出，七叶期至幼穗出现，期间日平均气温在26.3 ℃的第十一叶期生育日数最短（仅35 d）。而温度比这更高或更低的幼穗形成均被推迟，即日数较多，说明IR26花芽分化期的最适温度约为26.3 ℃。期间日平均气温与幼穗形成速度的相关程度如图4所示。从图4可见，温度对花芽形成速度的影响不论是低温至适温，或高温至适温，都有高度的线性关系，证明IR26七叶至幼穗出现这段时间是对温度敏感的生理时段，也说明它是一个感温性强的品种。

综上所述，花芽分化期间日平均气温愈接近适温，幼穗形成愈早，完成花芽分化所需要日数就愈少，积温也愈少。花芽分化期间日平均气温高于适温或低于适温，均使生育日数和积温增加。

"汕优6号"七叶期和"珍汕97A"六叶期至幼穗形成的日

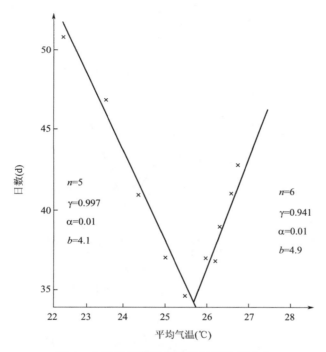

图 4　七叶至花芽形成日数与气温（IR26）

数与期间平均气温关系如图 5、图 6 所示。在统计过程中看到，"珍汕 97A"用六叶期至幼穗形成的日数与气温关系比用七叶期统计的相关性更高，这可能与"珍汕 197A"全生育期较短，基本营养生长期也较早结束有关。"汕优 6 号"也与"IR26"一样，约在 26.5～27 ℃为它的最适温度。而珍汕 97A则在试验的温度范围内看不出一个明显的适温临界值。

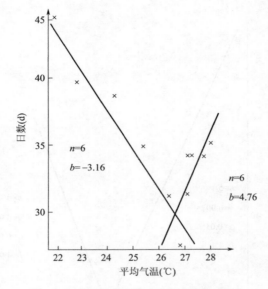

图 5　七叶至幼穗天数与气温（汕优 6 号）

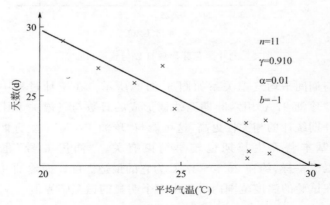

图 6　六叶至花芽形成日数与气温（珍汕 R7A）

三、小结

根据以上试验资料,现有数种积温统计法中,仍以回归分析的直线方程预报较为可靠。用假定的起点温度或上、下限温度统计积温,有时效果甚至比用正积温预报的效果还差。

由于不同发育阶段对温度的反应不一样,品种之间存在着感温特性的差异,所以从播种至抽穗,有的品种积温较稳定,有的品种积温不稳定。水稻花芽分化期间,对于感温品种是个温度的敏感期,品种之间感温强度不同,在适温条件下的花芽分化期积温最少。发育快,出叶速度与温度的关系,"汕优六号"及其亲本基本相同。

除用积温预报花期外,有地方认为调节叶龄差也可以使父母本花期相近,但是我们的试验资料中,看不出叶龄、出叶速度和抽穗早晚之间变化的规律性。

参考文献

[1] 土井弥太郎."水稻的环境"稻作综合研究[M].北京:农业出版社,1959.

[2] 野口弥吉."水稻幼穗形成机制的研究"1958-1959 稻作研究[M].周拾禄编译.上海:上海科学技术出版社.

[3] 野口弥吉,镰田悦男.花芽形成对温度的反应[J].中国科学技术编译委员会译.水稻泽丛,1966(4):65-66.

杂交稻亲本积温稳定性检验

由于在一定的范围内水稻的生长发育速度与气温存在正相关,同时播种至抽穗的积温变异系数远较生育天数的变异系数小,因而,用积温来预测生育期,在生产上具有实际意义。另外,又因水稻个体的生理营养状况、不同发育阶段所处的气候以及生育期间的气候类型等因子的影响,使积温产生某种程度的不稳定。其变化幅度,从预测杂交稻亲本花期相遇的角度来说,有时甚至是不能容许的。关于这点,已有许多研究报道。为了探究简便适用的积温预报法,本文仍以播种至抽穗生育期间气温的"平均状况"概念,在 1979 年试验结果的基础上,用 1980 年的试验观测值,对几种积温预报效果进行定量对比,分析它们在本地的应用价值。

根据本地区当家品种(这里指大面积种植的杂优组合)常有变动的生产特点,研究积温预报指标应立足于"当年确定,次年服务"的要求。以下以 1979 年的试验指标进行逐期检验。另外,考虑到积温预报效果最终要落实在时间(日期)上以及杂交稻亲本在不同季节里生长,其温度强度和气候类型不同,尤其抽穗季节的气温不同,在统计时间(天数)误差时,乃以积温误差除以该期抽穗时的实际气温换算。这样较接近于实际效果。

现将总积温,"10～26 ℃积温""12～26 ℃积温"和"变量积温"(回归分析)等四种预报效果分品种列入表 1 和表 2。表中积温差与天数差的换算如式：

$$天数差 = \frac{积温差}{花期气温 - 下限温度 - 大于上限的温度}$$

下面以 4 种积温发生最大误差的期别与绝对值,以及一般误差绝对值加以叙述比较。

一、珍汕 97A

1979 年 4—9 月平均气温 24.4 ℃,总积温的平均值为 1877.1 ℃·d,极差 166.5 ℃·d,1980 年同期平均气温 24 ℃,总积温平均值 1824.3 ℃·d,极差 172.1。1979 年平均气温高,积温平均值稍多,极差基本相似。说明这两年总积温稳定相似。四种积温统计结果如表 1。

表 1　珍汕 97A 不同积温误差比较

| 方法与指标 | 年份 | 最大误差 | | | 一般误差 (d) | 备注 |
		期别	积温 (℃·d)	天数 (d)		
≥0 ℃总积温 1877.1 ℃·d	1979	1	108.3	3.7	≤2.0	
		11	127.9	4.9		
	1980	7	148.3	5.5	≤3.9	
		5	110.7	4.1		
(12～26 ℃)积温 920.4 ℃·d	1979	3	53.2	3.8	≤2.6	
	1980	1	80.6	5.8	≤3.2	
		2	52.7	3.8		

续表

方法与指标	年份	最大误差			一般误差 (d)	备注
		期别	积温 (℃·d)	天数 (d)		
10~26 ℃积温 1066.0 ℃·d	1979	3	48.8	3.1	≤2.0	
	1980	7	70.6	4.6	≤3.6	
		5	61.0	3.8		
相关积温 $\hat{Y}=1411.3+$ $6.39X$	1979	11	83.8	3.2	≤2.3	$r=0.722$
	1980	6	85.3	3.3	≤2.7	

注:A 为总积温、$\hat{Y}$ 为预报积温、X 为天数,下表同。

总积温:1979 年积温平均值 1877.1 ℃·d 为预报指标（下同），当年最大误差在第 11 期，积温差 127.9 ℃·d，天数差 4.9 d。其次是第 1 期，积温差 108.3 ℃·d，天数差 3.7 d，其他各期误差小于 2 d。第 11 期 9 月 23 日抽穗，属本地制种季节（但不普遍）。1980 年最大误差在第 7 期，积温差 148.3 ℃·d，天数差 5.5 d。其次为第 5 期，积温差 110.7 ℃·d，天数差 4.1 d。这两期均属正常制种季节，其他各期误差在 3.9 d以下。

12~26 ℃积温:1979 年平均值为 920.4 ℃·d，最大误差在第 3 期，积温差 53.2 d，天数差 3.8 d。这期 7 月 15 日抽穗，不属本组合正常制种季节（因为当时最早播父本也还没有抽穗）。其他各期小于 2.6 d。1980 年最大误差在第 1 期，积温差

80.6 ℃·d,天数差 5.8 d。其次是第 2 期,积温差 52.7 ℃·d,
天数差 3.8 d,这两期都不属正常制种季节,其余误差在 3.2 d
以下。总积温与"10～26 ℃积温"相比,在正常制种季节里,
后者稳定,误差天数小,且有愈早播种误差愈大的规律。

　　10～26 ℃积温:1979 年平均值为 1066.6 ℃·d,最大误差
在第 3 期,积温差 48.8 ℃·d,天数差 3.1 d,其余误差小于 2 d。
1980 年最大误差即在第 7 期,积温差 70.6 ℃·d,天数差
4.6 d,其次是第 5 期,积温差 61 ℃·d,天数差 3.8 d,这两期
属正常制种季节。其余误差在 3.6 d 以下。这种积温在 1979
年较稳定,1980 年误差即变大,存在明显的年际差异。

　　相关积温:以总积温与生育天数线性相关概念,求得 1979
年预报方程:$Y = 1411.3 + 6.39X$,相关系数 $r = 0.722$,相关
显著($\alpha = 0.02$)。式中 6.39 即所谓"起点温度",常数项
1411.3 也即"有效积温"了。这里仍以预报值 Y(总积温)进行
检验。1979 年最大误差在第 11 期,积温差 83.8 ℃·d,天数差
3.3 d,其余小于 2.7 d。这种预报效果比上述三种积温平均值
指标好,年际间差异较小。

二、IR26

　　1979 年 4—10 月平均气温 23.4 ℃,各期平均积温
2522.5 ℃·d,极差 128.8 ℃·d,两年平均气温 23.5 ℃,各
期平均积温 2532.2 ℃·d,极差 128.8 ℃·d。两年平均积
温相差 9.7 ℃·d,但极差变异较大,说明 IR26 花期总积温
季节之间的变化幅度也受到不同年度气候类型的影响。表
2 为 IR26 不同积温误差比较。

表 2　IR26 不同积温误差比较

方法与指标	年份	最大误差			一般误差 (d)	备注
		期别	积温 (℃·d)	天数 (d)		
≥0 ℃总积温 1877.1 ℃·d	1979	10	135.5	7.3	≤2.4	第 10 期 受冷害
		4	−117.1	4.2		
	1980	10	−84.5	4.2	≤3.5	第 11 期 受冷害
		1	93.1	3.6		
12～26 ℃积温 920.4 ℃·d	1979	8	79.1	5.7	≤2.4	
		1	−71.8	5.1		
	1980	8	44.5	5.4	≤2.6	
10～26 ℃积温 1066.0 ℃·d	1979	8	73.3	4.9	≤2.1	
		4	65.4	4.0		
	1980	9	49.2	3.4	≤2.0	
相关积温 ($\hat{Y}$=1889.4+ 6.43X)	1979	10	64.3	3.4	≤3.1	r=0.530
	1980	10	78.6	4.0	≤2.2	

　　总积温:1979 年最大误差在第 10 期,积温差 135.5 ℃·d,天数差 7.3 d,其次是第 4 期,积温差 117.1 ℃·d,天数差 4.2 d,其余误差小于 2.4 d。1980 年最大误差也在第 10 期,积温差 84.5 ℃·d,天数差 4.2 d。其次是第 1 期和第 2 期,积温差分别为 93.1 ℃·d 和 98.3 ℃·d,天数差分别为 3.6 d 和 3.5 d。

两年除第 10 期与第 9 期外,其余各期均属正常制种季节。

12～26 ℃积温:1979 年平均值为 1235.6 ℃·d,最大误差在第 8 期,积温 79.1 ℃·d,天数差 5.7 d。其次是第 1 期,积温差 71.8 ℃·d,天数差 5.1 d。其余误差小于 2.4 d。1980 年最大误差也在第 8 期,积温差 44.5 ℃·d,天数差 5.4 d,其余误差小于 2.6 d。这种积温两年最大误差均发生在正常制种季节内,而且积温误差折天数比总积温大。

10～26 ℃积温:1979 年平均值为 1433.4 ℃·d,最大误差在第 8 期,积温差 73.3 ℃·d,天数差 4.9 d。其次是第 4 期,积温差 65.4 ℃·d,天数差 4 d,其余误差小于 2.1 d。1980 年最大误差在第 9 期,积温差 49.2 ℃·d,天数差 3.4 d,其余小于 2.0 d。1980 年的第 9 期属非正常制种季节。这种积温效果没有比总积温好。

相关积温:1979 年求得预报方程:$Y = 1889.4 + 6.43X$。1979 年最大误差在第 10 期,积温差 64.3 ℃·d,天数差 3.4 d,其余小于 3.1 d。1980 年最大误差也在第 10 期,积温差 78.6 ℃·d,天数差 4.0 d,其余小于 2.2 d。这种积温较前三种稳定。这里值得注意的是,两年的最大误差虽都是发生在第 10 期,它们在抽穗前都受到较强的冷空气影响,但 1979 年比预报值提前 3.4 d 抽穗,而 1980 年即比预报值迟 4.0 天抽穗,说明低温对积温的影响结果不一样,至于不同影响机制,这里暂不讨论。

三、结论与探讨

综上所述,在正常制种季节内,总积温两品种的最大误差(折天数、下同)4.2 d 以上。"12～26 ℃积温"两品种效果不

同,珍汕 97A 最大误差在 3.2 d 以下,而 IR26 则大于 5.1 d,
表现出品种间差异。"10～26 ℃积温"珍汕 97A,1979 年最大
误差小于 2.0 d,1980 年为 4.6 d;IR2679 年最大误差 4.9 d,
而 1980 年即小于 2.0 d。两品种都表现出年际间差异。相关
积温,统观两品种,两年的最大误差均在 3.3 d 以下,它们的
回归系数"b"值都接近 6.4 d。四种积温检验结果,在本试点,
回归方程预报的积温缩小了季节与年际间差异。

　　为了探讨进一步提高积温预报效果的可能性,我们根据
"26 ℃以上气温与 26 ℃等价"概念,把总积温减去 26 ℃以上
积温(下称上限积温)与生育天数进行回归分析,求得两品种
的回归方程:珍汕 97A 为"$Y=1000.5+10.9X$",IR26 为"$Y=1542.2+8.9X$",检验结果如表 3(检验方法同上)。

表 3　"上限积温"效果分析

| 品种 | 年份 | 最大误差 | | 平均误差(S) | | 回归系数 (b) | 相关系数 (r) | 置信度 (α) |
		积温 (℃·d)	天数 (d)	积温 (℃·d)	天数 (d)			
珍汕 97A	1979	49.7	1.9	30.2	1.2	10.9	0.9327	0.001
	1980	67.1	2.6	48.5	1.9			
IR26	1979	70.8	2.7	49.1	2.0	8.9	0.7292	0.02
	1980	52.9	2.1	31.6	1.5			

　　从表 3 可以看出,珍汕 97A 相关性很好。IR26 相关程度
不如前者,但亦属显著。实际上由于 IR26 生育期较长,所以
它的变异系数甚至比珍汕 97A 还小。这种上限积温预报,尽
管早播气温低,迟播气温高以及 IR26 最后两期遇不同强度寒
流影响,只要能抽穗,都服从这种积温相关规律。两个品种两

年的最大误差都不超过 2.7 d,剩余标准差仅 2.0 d,从上限积温与生育天数回归分析结果证明。水稻花期积温虽然受许多因子影响,但也存在一定的规律性。

本试点属福建山区,根据近几年常规品种的分期种植试验分析,同一品种在同一县不同公社种植,生育天数与平均气温有很好的线性关系,但回归系数存在明显差异,积温也是如此。所以,我们认为,单点的经验公式须用各协作点试验结果加以检验,找出一种共同的经验公式,然后再找出各协作点之间变化规律进行订正——提出新预报方程,这样才能解决山区杂交水稻制种积温预报服务问题。我们相信,通过深入研究,进一步掌握积温变化的内在规律,地区间甚至品种间差异问题将会有所突破。

早稻烂秧规律初步分析

三明地区位于北纬 25°42′—26°53′,东经 116°38′—118°39′属闽西北山区。由于山峦重叠,北方南下的冷空气易于停滞。在早春播种季节,冷空气活动仍较频繁。每当南北气流在华南交锋,形成华南准静止锋时,即出现较长时间的阴雨低温天气,造成严重烂种死苗。本文主要根据宁化"三寒"试验点的有关资料,以及农业部门有关统计材料,对早稻秧田期寒害的天气类型与气候规律进行初步分析。

一、寒害的温度指标试验结果

1977—1978 年在宁化县禾口农业科学试验站,用自然分期播种法,观察在湿润秧田上播种的情况下,不同天气类型对秧苗生活力的影响。1977 年分播 7 期,供试品种:红 410、V41A、V41B;1978 年分播 6 期,供试品种红 410、闽优 1 号、珍珠矮。现将播后遇上降温过程,各期的秧苗受害情况分述如下。

烂种:1977 年 2 月 28 日播后三天,出现连续 5 d 冷温(日平均气温低于 12 ℃,下同),5 d 平均值 7.7 ℃,过程最低气温－2.1 ℃(图 6 中的 F1),有霜冻,这期没有出苗。3 月 3 日播种遇上降温中期(图 6 中的 F)回温后也没有出苗。3 月 17 日播后有 5 d 暖期(日平均气温 12 ℃ 以上,下同),出苗率平均28%,第 6 天起出现连续三天冷温,过程平均值 8.5 ℃,过程最低—0.7 ℃(图 4 中的 D1),有霜冻,后来虽然回暖较长,但没有出苗的不再出苗种。3 月 24 日播的,正处降温过程中期,播种当天日平均气温为 6.7 ℃,但播后只遇一天冷温(8.1 ℃),而后至第 6 天日平均气温回升达 19.0 ℃,过程最低气温—0.7 ℃,日最低气温连续两天在 2 ℃以下(图 4 中的 D),平均出苗率 57%。1978 年 2 月 24 日播种后三天出现冷温,其平均值为 10.6 ℃,过程最低气温只有 1.4 ℃,日最低气温连续 5 d在 4.2 ℃以下(图 2 中的 B1),晴冷天气。播后 5 d 平均出苗率为 73%。3 月 3 日播后三天出现冷温,其平均值为 10.1 ℃,过程最低气温 8.2 ℃(图 2 中的 B),后虽有 5 d 暖期,平均出苗率只有 28%,但未发现烂芽。后来又遇两次降温过程,结果出苗率很低。3 月 10 日播种的,播后第 3 d 起冷温连续 5 d,其

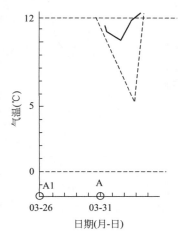

图 1　冷温过程曲线图之一

(图中实线为平均气温,

虚线为最低气温)

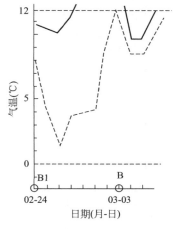

图 2　冷温过程曲线图之二

(图中实线为平均气温,

虚线为最低气温)

平均值为 7.1 ℃,过程最低气温 4.0 ℃,日最低气温连续 4 d 在 4.0～5.1 ℃(图 5 中的 E),播后的第 7 天起连续 5 d 暖期,日平均气温在 14.6 ℃以上,但没有看到出苗。3 月 20 日播种后出现 5 d 冷温,平均值 9.2 ℃,过程最低气温 5.9 ℃,日最低气温连续 5 d 在 5.9～7.2 ℃(图 3 中的 C)播后 7 d 死芽 51%,但是没有死芽的却开始出苗,3 月 26 日播种后有 5 d 暖期,第 6 天起连续 3 d 冷温,其平均值为 10.9 ℃,过程最低气温 5.1 ℃(图 1 中的 A1),这期间闽优一号死芽率 60%。其他两个品种仅发生部分烂芽。3 月 31 日播后即遇上述降温过程,这期无明显寒害。

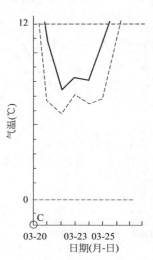

图 3　冷温过程曲线图之三
(图中实线为平均气温,
虚线为最低气温)

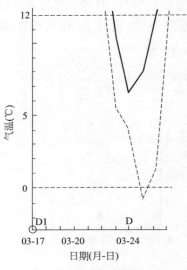

图 4　冷温过程曲线图之四
(图中实线为平均气温,
虚线为最低气温)

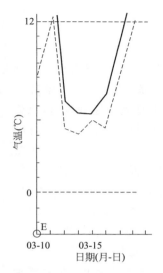

图 5　冷温过程曲线图之五
（图中实线为平均气温，
虚线为最低气温）

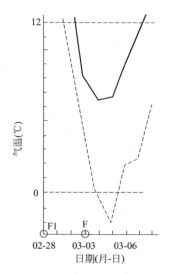

图 6　冷温过程曲线图之六
（图中实线为平均气温，
虚线为最低气温）

死苗：1977 年 3 月 10 日播种 3 月 15 日出苗，23 日遇冷温，有霜冻（图 4），这时第一片真叶已展开，V41A 死苗 35％，其他两个品种死苗在 12％以下。3 月 17 日播种的刚出苗遇上同一次冷温，平均死苗 9％。

1978 年 2 月 24 日播种遇 3 月 4 日冷温（图 2），第一片真叶已展开的，叶色淡黄，这时死苗 25％。3 月 12 日又遇冷温（图 5），82％植株叶尖卷曲畸形，后陆续死亡，死苗率 30％。3 月 3 日播的出苗后 13 天遇冷温（图 3），叶片发白，未发现死苗。3 月 10 日和 20 日播种的出苗后遇上 4 月 1 日冷温（图

1),死苗率两期均为 15％。

二、寒害分析

苗期寒害,根据降温强度不同,可有三种情况出现。一种是温度降到 0 ℃以下时,植株发生内部结冰而受害,常称冻害。另一种是温度虽然在冰点以上,但低到一定程度时,也能造成生理上的种种障碍。当气温回升到常温时,出现发育畸形,如根芽弯曲,叶尖卷曲叶片白化等,最后因不能维持正常生长发育而死亡,这种寒害常称低温为害。还有一种是低温程度较轻,仅造成生长迟滞,抗逆力差,回温后虽能恢复生机,但需要时间较长,往往未恢复正常生长之前又遇上另一次低温,或者诱致病菌入侵,罹病而死,这种寒害又称冷温为害。

关于种芽冻害,从上述结果看出,日最低气温有一天降到－2.1 ℃时,无论在降温前播种,或降温期间播种,露地播种的种芽,均被冻死。但日最低气温降至－0.7 ℃只出现一天时,却有两种情况:在低温前 8 天播的未出苗种子,全部失去出苗能力,而在较低温度下播种的,回温后仍有半数以上能出苗,说明在萌动状态的种芽,抗低温能力较差,可以认为在较低的温度下播种,种芽处于暂时"冬眠状态",故有许多种芽没有被冻死。至于为什么还有半数死芽,可能与种子质量及播种后被埋入泥中的深度有关。晴冷型天气土温往往比气温高得多。这种差异只是随着低温(气温)维持时间的延长而缩小。

低温为害与冷温为害的温度指标,在自然分期播种的条件下,没有足够的试验年数与期数比较难确定。这里暂时把12 ℃以下的日平均气温看为冷温进行讨论。

众所周知,寒害轻重取决于低温强度和持续时间。但我们从两年的试验看出,播种后受到连续 3 d 以上冷温为害时,其平均值与种芽的出苗能力关系较大。冷温平均值愈高,对种芽的为害愈小,而与冷温持续天数关系较小。表 1 说明:冷温平均值在 9.2 ℃ 以下时,温度愈低,死苗愈多;10.9 ℃ 以下则温度愈低,延迟出苗的种子数也愈多。因此,我们认为,在自然播种条件下,当出现 3 d 以上的冷温过程时,寒害轻重主要看低温程度,而不是持续天数。实际上 3 d 以上的冷温平均值在一定程度上也包括持续天数因素在内。因为强大的寒流一般低温持续时间也较长,反之亦然。

表 1 冷温强度与寒害关系

平均冷温(℃)	10.9	10.6	10.1	9.2	7.1
过程最低气温(℃)	2.0	1.3	8.1	5.9	4.0
延迟出苗(%)	0	27	72	缺	100
死芽(%)				51	60
冷温天数(d)	3	5	3	5	5

在播种后遇上两次以上冷温过程时,其为害程度与两次降温强弱的出现先后有关。如果前一次较强,后次为害就较轻,前一次较弱,则后一次为害较重。如 1978 年 3 月 3 日播种的在遇强度为 10.1 ℃(平均值,下同)的冷温过程后有 28% 出苗,但未死芽。后又遇上 7.1 ℃ 冷温过程,回温后很少再出苗。3 月 10 日播种的先遇上 7.2 ℃ 冷温过程,后遇上 9.2 ℃ 冷温过程,回温后却有 40% 出苗。

冷温为害也和冻害一样,与种芽的生理动态有关。1978 年 3 月 26 日和 3 月 31 日播种的受同一次冷温过程为害

（图1中的A,A1）前一期正在萌动的种子死芽多达60％,后一期回温后却正常出苗。这里我们得出这样的一个概念：在早春的播种季节里,如果在暖期播种,则播种后4～6d是种芽寒害的最敏感时期,这一期间即使冷温强度不大,也能发生不同程度的死芽。

关于日最低气温对寒害程度的影响,从试验结果看,在没有冻害的情况下,关系不密切,如1978年2月24日播种后日最低气温连续5d在1.4～2.4℃,回暖后出苗73％。而3月20日播种后日最低气温连续5d在5.9～7.2℃,却有51％死芽发生。

从两年的试验情况看,苗期寒害对成秧率的影响远较未出苗的种芽寒害小,如1977年3月10日播种的秧苗,遇3月25日的霜冻天气（图4）,但除V41A死苗率较高（35％）外,其他两个品种的死苗率都在12％以下。

1978年2月24日播种的秧苗,在第一片真叶展开以后受冷温为害,其平均值为10.1℃（图2中的B）,受害后死苗率为25％,只是在后来三次冷温过程（图1、图3、图5）中才发现叶尖卷曲,并陆续死苗。对于后面的死苗原因,其中涉及苗龄、冷温过程的强弱次序、受害次数以及病害等因素在内。限于试验期数,这里不作具体讨论。但从总的情况看,只受一次冷温过程为害的秧苗,无论强度大小死苗率在25％以下（冻害除外）。

综上所述,在日最低气温降至0℃以下,出现霜冻时,种芽与秧苗均发生冻害,其死亡率与日最低气温有关。当受到日平均气温低于12℃连续3d以上冷温为害时,延迟出秧的程度和种苗死亡率与冷温平均值、冷温出现次数、种苗生理动态以及不同降温过程的强弱次序有关。在同一次冷温强度影响下,烂种比死苗重得多。

三、寒害年型分析

上面仅根据两年的试验,对秧苗(种芽)受过一次不同程度冷温过程的寒害情况进行讨论。实际上寒害的天气类型年际之间相差很大。有晴冷型为主的,有阴冷型为主的,有冷温持续天数和出现次数之别,又有前期寒害(春寒)和后期寒害(倒春寒)之别等。因此试验情况与生产实际还有一定差别。

1977 年春播期间只有两次冷温过程,均属晴冷天气。第一次出现在 3 月初,虽降温很强,以至试验的头两期种芽全被冻死,但这时在生产上尚未播种。后一次在 3 月 25 日出现,正值早稻大播种时段,试验中有两期受到不同程度为害,但没有全部冻死。这次由于低温时间短、强度小、为害轻,加上采取了一定的保护措施,因此,这年在宁化县以至整个三明地区都没有成片烂种(或死苗)的情况发生。1978 年 3 月至 4 月上旬有五次冷温过程,除 4 月上旬一次外,其他四次均属阴冷型。据统计,这年全县损失种子达 14.5 kg。整个地区损失达 73.5 万 kg。

农业生产受季节限制。往往到了一定季节,即使天气不大好也得播种。因此,春寒的损失程度不仅与降温强度有关,而且与最后一次冷温过程出现迟早关系也很大。从表 2 看出,冷温过程平均值愈低,最后一次影响的时间愈迟,烂种数愈多。有些年份前一个因子影响重,另一些年份后一个因子影响重。如果以其中一个因子来看,相关性较差。为了寻找两个因子与寒害程度关系的更好表达形式,我们把 12 ℃ 与冷温平均值之差乘以当年冷温过程终日距 2 月底天数,作为寒害年型指标(即表 2 中的年型指数)来分析它与当年寒害程度的关系。结果发现,其乘积愈大的年份烂种数也愈多,它们之间有很好的线性关系(图 7),置信度达 99%,甚至整个地区的烂种数也存在高度的相关性。1976 年乘积最大,烂种数也最多,只因这年后期死苗较多,据调查,很多因病害所致,但也被统计在烂种数内,因此数字特别大。

表 2　烂种数与冷温强度,结束时期关系(宁化)

年份	1971	1973	1975	1972	1979	1978	1974	1976
烂种数(万 kg)	2.25	4	5	1.8	8.5	14.5	18.5	105
冷温平均值(℃)	11.3	10.2	10.7	6.7	10.6	9.8	8.8	8.0
结束迟早(d)	15	16	18	6	36	34	34	36
年型指数	10.5	28.8	23.4	31.8	50.4	74.8	108.8	144

注:(1)结束迟早:3 月 1 日算至冷温影最后一天的日数。

　　(2)年型指数:(12-冷温平均值)×结束迟早天数。

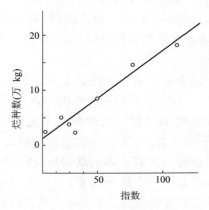

图 7　烂种与年型指数关系

当然,这种规律仅适用于过去几年的育秧水平。随着育秧技术的发展,其寒害程度也会逐年减轻。这种规律性也将发生变化。

关于春寒发生的气候规律,限于篇幅,这里不作详细讨论。大体来说,整个三明地区可以以沙溪河为界,分为东南与西北片,基本反映地区南北的气候差异。北片以泰宁、宁化为代表,南片以永安为代表。它们在早稻育秧季节里不同时段的春寒出现概率如表3。地区北部近于武夷山西侧,冷空气较易停滞,特别在寒流不强的时候北部停留时间长,出现春寒的机会多,因而南北温差也大。从表3可以看出,地区南北回暖时间相差10 d以上。但必须指出,本地区地形复杂,即使在南部县份,高海拔与大山的北坡社队,春寒出现概率也会与北部地区相近。因此,有时从本县的气象记录看,降温强度并未达到寒害指标,但有不少社队出现寒害,造成不同程度的损失,这种情况是常有的。

表3　3 d以上冷温各候出现概率　　单位:%

站名	年限	3月各候						4月各候	
		1	2	3	4	5	6	1	2
宁化	1958—1981	100	100	83	83	75	50	42	4
泰宁	1956—1981	100	100	92	92	73	50	38	8
永安	1953—1981	90	79	51	51	34	10	10	

稻瘟病流行的气象分析和
测报防治技术

摘要：1990 年是一个重灾多灾之年，6 次台风袭击福建省，尤其是 12 号台风的影响，使单晚结实率降低，稻瘟病加重，单总产下降。本文分析了由于气候异常而引起的早、晚季稻瘟病发病程度、危害损失的相应变化，并提出了今后三明市稻瘟病测报及防治技术。

关键词：稻瘟病；病害流行学；预测预报

稻瘟病为三明市常发性主要病害之一，11 年平均年损失稻谷 1170 万 kg，1981 年因灾损失 8400 万 kg，此后改变了"品种（红系）单一、化肥（碳铵）单一、农药（稻瘟净）单一"的不合理现象，使稻瘟病发病程度逐年减轻下来，1987 年、1988 年各类型稻作发病面积分别控制在 8.64 万亩*次和 9.01 万亩次，占稻作复种面积的 2.5％和 2.65％。1989 年回升为 26.33 万亩次，占稻作复种面积的 7.7％。1990 年扩大为 58.18 万亩次，损失稻谷 520 万 kg，分别是 1989 年 207 万 kg、1988 年 47.66 万 kg 的 2.5 倍和 10.5 倍。从损失量来看，各稻作类型依次是：单晚稻占 56.8％、双晚稻占 19.1％、双早稻占 14.6％、再生头季稻占 8.8％，再生稻占 0.1％，损失统计和各

---

*　1 亩 $\approx$ 666.67 m^2。

品种发病程度调查情况相符。

一、1990 年早晚季稻瘟发病程度调查

1990 年早晚季稻在 12 个县(市、区)28 个品种 277 个点调查结果表明:早季稻威优 64、晚季稻汕优 63 发病程度较重。常年稻瘟病为害程度及损失早季稻重于晚季稻,1990 年在气候异常的情况下,早季稻发病程度重于晚季稻(表 1),但损失量则晚季稻重于早季稻(表 2)。

表 1　1990 年各类型稻作穗瘟发生调查

稻作类型	调查品种	调查面积(亩)	调查点数	穗发病(%)	损失率(%)
双早稻	威优 64	428.1	14	31.6	15.5
单晚稻	汕优 63	1959.6	35	28.7	12.8
双晚稻	汕优 63	3022.0	35	28.5	8.4
再生头季稻	汕优 63	107.6	87	15.8	6.0
再生稻	汕优 63		34	9.1	3.7

表 2　1990 年各类型稻作穗瘟损失调查

稻作类型	种植面积(亩)	发病面积(亩)	发病面积占种植(%)	损失(万 kg)	损失占全年(%)
双早稻	122.8	2.60	2.4	75.89	14.6
单晚稻	73.7	13.07	17.7	295.54	56.8
双晚稻	125.9	7.54	6.0	99.47	19.1
再生头季稻	21.0	4.91	23.4	45.54	8.8
再生稻	14.1	0.49	3.4	4.31	0.1

二、气候影响情况分析

上述情况出现的原因有三：一是以威优 64 稻、汕优 63 稻为主的当家品种在三明市已大面积种植多年，抗病性显著衰退，造成全年发病，损失程度继续回升；二是晚季稻瘟发病面积是早季稻的 10.02 倍，所以即使晚季各稻作（单晚稻、双晚稻、再生头季稻、再生稻）发病程度轻于早季，但损失量却是早季稻的 4.7 倍；三是气候异常的影响。查对十年气象资料和各类型稻作的感病生育期，我们认为：早季稻损失程度比预计的轻，是由于感病的品种在感病的生育期遇上较好的气候时段，而晚季稻则由于感病的品种在感病的生育期遇上有利于发病的气候条件，加上防治松懈而加重了病害的发展。

1. 雨量对双早稻瘟病的影响

5 月上、中旬是双早稻分蘖盛期到幼穗分化期，正是历年叶瘟迅速蔓延扩展时段。1990 年由于这一时期雨量少、日照充足，个别田块病情虽重，但大面积发展慢。5 月上旬雨量仅 6.7 mm，是常年的 1/11，日照时数 65.6 h，比常年 49.4 h 多 16.2 h，整个 5 月份雨量仅 157.5 mm，比常年 263.5 mm 少 106 mm；6 月中、下旬正当双早稻大面积破口抽穗时，雨量仅 62.9 mm，比常年 122.06 mm 减少 59.16 mm。双早稻两个感病的生育期有一个比较好的气候时段，减少了叶稻瘟的发病面积。此外，抓好防治也是减轻损失的关键一着，双早叶稻瘟防治面积分别达 31.83 万亩次和 32.23 万亩次，是发生面积的 2.89 倍和 12.42 倍。

2. 冷害和梅雨对再生头季稻和早插单晚叶稻瘟的影响

再生头季稻、早插单晚叶稻瘟重于双早稻，其主要原因：

一是双早稻叶瘟发病点多面广,菌源多;二是 5 月 23—27 日连续 5 天低于 20 ℃的低温影响,为了攻苗一些地方猛施氮肥。稻苗茎叶徒长软弱,抗病性减弱。1981 年早季稻瘟病大流行,5 月 4 次 9 天低温的影响也是主导因素之一。而 1990 年再生头季稻、早插单晚叶稻瘟发生期出现了与 1981 年相似的气候,结果造成 200.8 亩翻犁重插、1482.35 亩塌圈的重病场面;三是 6 月上旬雨量多达 110.8 mm,比常年 74.8 mm 多 30 mm,10 天中有雨日 8 d。总之感病的品种,感病的生育期在气温 23～24 ℃时,并有足够菌源量的条件下,加重了叶瘟的病情。

3. 同气候对同品种的不同生育期的影响

从表 1 看,再生头季稻穗瘟发病率达 15.8%,但损失率只 6.0%,比双早稻 15.5%、单晚稻 12.8%和双晚稻 8.4%都来得轻。这是由于再生头季稻破口齐穗期是 7 月中、下旬,当时雨量少日照充足,20 d 雨量仅 44 mm,比常年 84.8 mm 减少近一半。日照时数达 180 h,和常年 179.96 h 相似,适收季节为 8 月中、下旬,这一时期雨量达 228.8 mm,比常年 99.04 mm 增加 129.76 mm,尤其是 12 号台风,8 月 19—23 日连下 5 d 雨,贻误了再生头季稻的收割期,穗病率达 15.8%,但多为枝梗瘟,所以损失率轻于其他稻作。而单晚稻这一时期大面积破口抽齐穗,结果穗病率和损失率高于、重于再生头季稻。同样的气候条件、同样汕优 63 品种,由于生育期不同,病情截然不同,说明气候对一个感病品种的感病生育期影响是很大的。

4. 同品种、同生育期不同气候条件下病情不同

双晚稻穗瘟发病率 28.5%和单晚稻穗瘟发病率 28.7%接近,但损失率双晚稻仅 8.4%,而单晚稻则达 12.8%。这和

破口期、穗期中的雨量、雨日有关。9 月上、中旬是双晚稻大面积破口抽穗期,雨量达到 214.5 mm,是 10 年来最多的,比 10 年平均值 118.8 mm 增加 80.5%,和单晚稻大面积破口抽穗期的 8 月中、下旬雨量 288.8 mm 相接近,双晚抽齐穗后的 9 月下旬雨量偏少,10 天雨量仅 13.4 mm,比常年 32.9 mm 下降 56.3%,而单晚抽齐穗后的 9 月上旬有雨 8 d,雨量达 101.3 mm,是双晚抽穗后雨量的 7.56 倍。同样是汕优 63 品种,由于齐穗后所遇的气候条件不同,损失程度相差三分之一。这再次说明,气候因素对一个感病品种、感病生育期的发病影响是很大的。

三、测报和防治技术

稻瘟病是流行性病害,在测报上要分析未来趋势的轻重,一是考虑品种抗病性强弱,二是考虑气候情况,三是考虑施肥量、种类及配比。只有进行综合分析,才能把握病情,准确预报。如果是一个感病品种,感病的生育期,在多雨寡照的条件下,必然加重病情的发展和加速病害的蔓延,如果是一个抗病性较强的品种,在有利于发病的气候条件下,且有较多的菌源,病害即使发生,程度上一定轻于抗病性较弱的品种。但在重肥的条件下,尤其是偏施氮肥的情况下,发病程度一定加重。在防治上目前的药剂多为保护性杀菌剂,所以药防稻瘟病,对叶瘟一定要掌握住各稻作的生育期和气象条件变化,选择在不利气候到来之前,病害还在零星初发阶段及时用药,才能有效地防止病害的继续蔓延;在防止穗瘟的发生方面,要求更为严格,因为穗瘟一旦发生,就会造成不可挽回的损失,所以在确定防治对象田时,应把叶瘟发病田,尤其是剑叶瘟发病田或虽然叶瘟未发生,但处于气候预报雨日中破口抽穗的田块,均应进行药防,以避免造成损失。三明市大面积防治稻瘟病的药剂为20%三环唑。这一药剂是一种内吸性能较强的保护性三唑类杀菌剂,药剂喷到稻株后,能迅速被水稻根、茎、叶吸收,并输送到稻株各部,所以即使药后1~2小时内下雨,也不影响其防治效果。因而在孕穗末期选择一个晴好的天气,亩用药75~100 g,兑水60~75 kg,进行常规喷雾,或加水5~10 kg,用东-18机低容量喷雾均可收到理想的防治效果。

福建省建宁境内中华猕猴桃
气候生态考察报告

中华猕猴桃（Aetinidia Chinensis Planch）是猕猴桃科的一个优良原种，原产我国。据目前各地的一些资源调查及有关报道，几乎从北纬 25°—35°的华中、华东、华南和西南等许多省份都有不同数量分布。但在福建的三明地区，其分布却呈现出较大的局限性，甚至在同一个县内，一些公社较多，另一些公社则很少看到。因此，摸清影响其分布的气候生态因子，合理利用农业气候资源，给今后发展中华猕猴桃生产提供科学依据，进行中华猕猴桃气候生态调查研究就显得十分必要。

1982 年 6 月初至 7 月上旬，我们先后在建宁县的均口、里心、客坊、溪源、溪口等公社的中华猕猴桃分布区，对生长在各种生境类型的样株（样地）进行实地调查。记载项目主要有：地形、海拔、坡向、坡度、土层深度、基岩风化度、土壤排水性。植被盖度、分布方式及伴生树种等。另外，在非分布区，对地形、地貌、自然景观及植被主要成分等考查项目以外的有关情况，也做一些访问附记，以便进行比较分析。根据原来调查方案及调查过程中发现的问题，共收集样地 56 个。

一、地理环境与气候特点

建宁是闽西北山区的一个县，位于北纬 26°36′—27°01′，东经 116°35′—116°59′，地处武夷山脉中段。

都溪和宁溪为本县主要河流。宁溪源于宁化县安远公社,向北经均口、城关、斗埕后向东流入泰宁,是本县最大河流,它的北部支流有黄坊溪、富田溪和开山溪。都溪自西部的湾坊向东流经客坊、沙洲等,东北部溪源公社的楚溪则向南流入泰宁。由于溪流切割与强烈的气候变化长期侵蚀结果,使本县形成四周环山中部低缓的沙洲和建宁(城关)两个盆地及其四周众多的不同朝向的溪流谷地。

建宁县山地(海拔 600 m 以上)主要分布在西南、东南和东北三处。东北山地在溪源谷地周围,自溪源西南、西、北至东南有天台山(1176 m)、莲荷峰(1494 m)、双文石(1565 m)等海拔千米以上山峰 18 座,使溪源谷地成为西、北、东三面环山,平均降比约 1:7,谷深约 760 m 的马蹄形谷地。

城关以南的宁溪东侧是主要的东南山地所在。从大元大队至常南部的宁化、明溪两县交界处有白石顶(1858 m)、九县石(1185 m)、张天口(1085 m)等千米以上山峰 19 座。宁溪两侧自北向南有笠帽寨等四座呈南北排列的独立孤山(海拔 804~995 m),它们与宁溪东侧山地组成了一个北宽南窄的均口谷地。

西南山地主要在都溪和桂阳溪两侧,都溪南侧向西湾坊西面的西华山(859 m)至东的牛古栋(808 m)有 800 m 以上山峰 12 座。都溪以北山地侧主要在桂阳溪(都溪支流)两侧,由 10 座主峰为 850~1121 m 的山地组成一个西南、西北和东北三面环山的东南向马蹄形谷地——大余谷地。谷深约 420 m,降比约 1:8,都溪南北山地又组成一个东西向的客坊谷地。由于谷向和通风条件不同,两谷地内气候差异大。

建宁县北与西北的大片地区为向南倾斜的 600 m 以下丘

陵,平均降比约 1:30。

建宁属中亚热带气候区,夏季太阳辐射强烈。冬春两季冷空气易于在本地停留集聚。雨量充沛,森林覆盖面积大,地下水丰富。在建宁盆地内,1月份平均气温 1.9～5.2 ℃。7月份平均气温 24～28 ℃,年平均气温 16.8 ℃,极端最高气温 39.9 ℃,极端最低气温－9.5 ℃,年较差 21.8 ℃,在温差方面有明显的大陆性气候特点(大陆度指数 62)。

建宁县平均年雨量在 1700～2030 mm。最大年雨量可达 2185～2660 mm,东南山地和西南山地雨量较大。北部偏少,一年中雨量分布是:5—6 月份占 38.6%,2—4 月份占 26.7%,7—9 月份占 19.3%。

年平均风速约 1.7 m/s,7月份最大,平均约为 2.0 m/s,一年中西和西南风速最大,累年平均可达 3.2 m/s。其次是北风累年平均 2.9 m/s。冬半年北和西北风为主,5—8 月主要是西南风,建宁县全年的盛行风向是北和西北风向。相对湿度逐月平均都在 80%以上。

建宁县地形复杂,各地受海拔高度、山系走向、坡向、坡度、降比、各种地形及其尺度大小、植被特征等影响,对太阳辐射、风向、大气环流以及局地对流都有不同程度的影响,气候差异很大。

二、立地环境

海拔 大气环流是形成小气候的先决条件,地形地貌特征则是造成各种不同类型小气候的主要因素,所以影响各地小气候的恒定因子主要是地形和大气环流。然而在一个特定区域内,两者影响的分量与海拔高度关系比较密切,即海拔愈高,小气候受地形影响愈小,受大气环流影响大。

在均口公社均口大队(350 m),中华猕猴桃分布的山地海拔高度范围是 370～910 m,其中 450 m 以下只是单株呈零星分布,590～900 m 呈集中分布——即三株以上为一群或成片。隆下大队的狮峰生产队在 600～650 m 处呈集中分布,600 m 以下则少见。客坊公社的黄埠(420 m)、严田(440 m)和湾坊(500 m)都可看到中华猕猴桃生长。湾坊西部的西华山,东、北、西三面 650～700 m 呈集中分布。但从严田沿桂阳溪北上经贤河、大余、陈余和桂阳(500 m)等大队(均在大余谷地内)沿途山坡却未看到中华猕猴桃植株。至桂阳大队西北海拔 570 m 处的水田坎上始看到零星分布。桂阳西北的打鼓寨(1077 m)北侧和桂阳东北的岩上大队附近 800 m 以上山凹、坡地又呈集中分布,建宁县东北部的溪源谷地内各大队山坡均未发现有中华猕猴桃生长,往东北行至东溪大队 610 m 以上始有零星分布(极少),到 835 m 以上又有集中成片生长。溪口公社艾阳大队笠帽寨山地(东坡和南坡)约 530 m 处有较多分布,但未看到集中成片。

总之,不同地理特点,其分布的海拔下限不一样。均口和客坊的沿河坡地,低海拔就有分布,而大余谷地、溪源谷地和笠帽寨山地却在 530 m 以上才能看到,从溪口至黄坊,从黄坊到芦岭均未发现中华猕猴生长,本县北半部地区都很少看到。

地形 均口谷地和客坊谷地均处在建宁县两盆地南部,它们总的地势是坐南朝北,同时这两谷地两端开口处通风条件较好,而溪源、大余两谷地是三面环山的南向深谷,通风条件差,升温快。笠帽寨山地则属中部盆地内的一个孤山,其低海拔地带显然受盆地内的局地气候影响大。

小尺度地形特征方面,在调查中,属开阔斜坡的样地有 17 个,荫蔽斜坡 4 个,小山垄田周围和开阔山凹各 3 个。峡谷和近山脊各 2 个。在这八种地形景观中,属开阔的样地约占 55%,其他 7 种地形均在 13%以下。

坡向　关于不同坡向的分布情况。在 31 个样地中,属集中分布的主要是东北坡(26%)、北坡(23%)、西南坡(13%)和西坡(10%),其他各坡向多为零星分布。但高海拔地带受坡向影响较小。

坡度　在样地 10 m 范围内的微地形环境方面,坡度多数在 35°以上。另外,在调查中发现坡度较小的样地,在下方不远处总有一个低落山坎。为了证实这点,后来又做了补充调查,结果在 17 个样地中,有 10 个在离中华猕猴桃根基下方 5 m 以内有个低落山坎,坎高 0.5~3 m。其他 7 个样地有 6 个坡度在 50°以上,这种情况有助于说明雨季样地内的排水性。

土层水分　土层水分状况,除大气降水及微地形造成排水(或滞水)条件外,土层本身物理性状(保水性等),土层厚度和基岩风化度都有很大关系。关于土层保水性与排水性,所有样地均属良好,在土深 50 cm 范围内未发现因长期滞水而产生还原性的灰色土或锈斑。土层深度方面,31 个样地中有 21 个在 100 cm 以上,4 个在 40~70 cm 之间,3 个 20~30 cm,2 个在石头裸露的地方(土深 10~30 cm 不等,部分根钻入石缝中)。

土层下面的基岩风化程度,在 31 个样地中,因土层深厚而见不到岩层的有 12 个;保持岩石状态、富含水分,用木棒可捣成土粉的有 8 个;挖出呈硬的小石块的有 7 个;未风化的有

4 个。除最后这种情况在旱季需外来供水外,其他均对样地土层内的水分稳定性起良好作用。当然,影响土层内水分状况的因子还很多。如植被特征、坡向、地下水、水源远近等。

三、伴生物种

植物的各种属性决定它在野外定居的成功或失败。即地上植被组成往往能反映长期的地下水分状况和其他生态条件。因此森林学家常利用它来指示某地森林的立地潜力,伴生树种实际上存在两种不同情况:其一,可以认为它们为中华猕猴桃的生长创造必要的小气候环境,只有这样的植被特征,它才能得以发芽、生长和繁殖。它们之间存在因果关系。而另一些树种和它相伴随,则可能是适应于环境因子的相似组合,它们可以作为某种生态类型的指示种。现将样地上 9 m² 内主要伴生树种按优势种(形成植物小群落的)整理如下。

1.继木(金缕梅科 *Lonopelalum Chinense*﹡),属树种占优势的样地有 9 个(29%),它在各样地内出现概率为 68%。

2.圆锥绣球(虎耳草科 *Hydrangea Peliolaris*)。本种占优势的样地 3 个(10%),出现概率 35%。

3.茅栗(壳斗科 *Castanea Sguinll*)。本种占优势样地 3 个(10%)出现概率 16%。

4.芒(禾本科 *Miscanthus Sinensis*)。本种占优势的样地 3 个(10%),出现概率 23%。

5.栎(壳斗科 *Qucrcus Acutissima*),本种占优势的样地 2 个(6%),出现概率 10%。

﹡ 文内植物学名中定名人姓名从略。

6. 枫（金缕梅科 *Liguidanbar Formosana*），本种占优势的样地 2 个（6%），出现概率 35%。

7. 油桐（大戟科 *Aleurites Fordii*），本种占优势的样地 2 个（属人造林，其他样地未见。）

8. 屎檎木姜（樟科 *Litsea Glutinosa*），本种占优势的样地 1 个（6%），出现概率 25%。

9. 盐肤木（漆树科 *Rhus Javanica*），本种占优势的样地 1 个（6%），出现概率 23%。

10. 槠（壳斗科 *Quercus Glauca*），本种占优势的样地 1 个（6%），出现概率 6%。

11. 杜松（松柏科 *Junl Perus rigida*），样地上仅 2 株，本树种少见。

12. 若竹（禾本科 *Sasa Albo-marginata*），本种占优势样地一个。

13. 马尾松（松柏科 *Pinus Massoniana*），样地为幼树，出现概率 23%。

14. 稀疏的毛竹林和杉木林内各调查一个样地，它们多有灌木丛生。

除以上在样地内可算为小群落的树种外，还有许多成分复杂，无优势种的灌木丛中同样有中华猕猴桃生长。在调查中，被攀缘的树种还有：山莓（蔷薇科 *Rubs Palmatus*），出现概率 19%，油茶（山茶科 *Csmellia Sasenque*），出现概率 19%，以及豆梨（蔷薇科 *PYrus Caller Yana*）、黄檀（豆科 *Dalbergia hu Peana*）、野漆（漆树科 *Rhus Sucedanea*）等。

在样地内常见的树种还有野柿子（柿树科 *DiosPYros lotus*）和楤木（五加科 *Aralia Decaisane*），它们的出现概率分别为 26％和 16％。其他许多树种因在样地出现概率少,其树冠对于样地内小气候影响不明显,这里就不一一列述。

从样地上的植物小群落和其他常出现的树种看出,它们绝大多数属落叶灌木或小乔木。继木和杜松等虽属常绿树种,但树冠郁闭度较低,透光好。总之,在所有伴生树种中,90％以上是落叶的或冬春两季透光性较好的常绿树。在植被盖度调查中,灌木丛树冠覆盖达 100％的样地有 28 个,占该项目调查总数的 90％,盖度在 90％～95％的有 2 个(在海拔 835 m 以上山坡)。另有一个样地盖度为 60％,它是在海拔 880 m 毛竹内。

四、气候生态初步分析

(一)温度

据有关方面报道,国内中华猕猴桃自然分布最多在秦岭山区和伏牛山等地。从地理位置来看,建宁地处主产区以南约 10 个纬度。在我们的调查中,其分布多在海拔比较高的山地。因此,可以认为,热量不足或冬季低温不是影响中华猕猴桃在建宁的地理分布的主要原因。现根据调查情况,对发芽和成苗两个时期进行讨论。

1. 发芽期:植物定居成功与否,首先取决于种子的发芽条件。在调查过程中,所有样地内和郁闭度较高的森林中均未发现中华猕猴桃幼苗,只在路旁和田边的裸露地上看到它。这可能与种子萌发期需要较高的温度有关,样地上以落叶树为主的植被组成也说明这一点。显然,在春季种子萌动期,落叶树的枝叶刚开始吐芽或出叶初期,树冠稀疏,因而使地面有一定的直射阳光。但据建宁县热量条件,可以认为,在全县境内的一般丘陵、山地或凹地都存在种子萌发的小气候环境。

2. 成苗期：种子出苗后的幼苗生长情况，是决定植物分布结局的特别关键的一个时期。关于热量不足的可能性如前所述。那么高温危害是不是影响地理分布的主要原因呢？

建宁地处亚热带气候区，夏季太阳辐射强烈。由于气温过高，促使蒸腾作用加强，从而破坏水分的生理平衡，使植株生长发育不正常终致枯死，尤其在高温区（低海拔地带）。建宁县北半部的大片地区属向南倾斜的丘陵地带，夏季最容易产生高温（较其他坡向），很少看到中华猕猴桃生长。最为突出的是溪源和大余两谷地，它们都是南向深谷，白天升温快，通风条件差，高温维持时间长，因此只在高海拔坡地才能看到猕猴桃树的集中分布。

在坡向调查中，属集中分布的多为北坡（包括东北坡）。其次是西南和西坡。北坡气温偏低这是容易理解的，西南和西坡则由于夏季盛行西南风，因而高温不易维持。这里应当指出的是，太阳的直接辐射与风速对植物本身温度的影响。据研究，在风速很小的情况下，晴天正午叶面温度较空气温度可高出 10 ℃以上，在辐射强度不变的情况下，叶温与气温差值和风速成线性关系。这点有助于说明为什么通风条件比较好的低海拔地也有中华猕猴桃生长。此外，在裸露地上和没有灌木丛（或乔木）遮阴的矮生草本植物群落中，能看到幼苗而看不到成熟株，这可能也与夏季高温危害有关。

据报道，新西兰的中华猕猴桃（当地称几维果）于 20 世纪初引进后，1910 年开始第一次结果，因气候适宜，加之进行品种改良，发展很快，目前几乎垄断国际市场。他们之所以能发展这么快，可能与当地气温较低有关。在那里，夏季的日平均气温最高也只有 24～25 ℃。近年来,日本果农直接从新西兰运进苗木。从他们的试种情况看,在温带气候区种植较成功,而亚热带气候区种植效果反而差。这也说明中华猕猴桃对高温反应敏感。

至于其具体的临界温度,仅通过一次的短期考察是不容易确定的。但从建宁县夏季气温的垂直递减率推算,属集中分布的样地,如狮峰、西华山、岩上及桐荣等地,它们的日平均气温分别在 26.0 ℃、25.7 ℃、25.0 ℃ 及 24.8 ℃ 以下,超过 26 ℃ 的样地多呈零星分布。据建宁盆地内低丘山坡试种,在 1982 年夏季高温时段的日平均气温 28 ℃ 的情况下,部分植株表现生长不良。因此,我们初步认为,在通风条件差的情况下,日平均气温超过 26～28 ℃ 对中华猕猴桃生长不利。

(二)水分

建宁县平均年雨量在 1700～2030 mm,最大可达 2185～2660 mm,它与主产地的伏牛山区相比,显然要丰富得多,就是在干旱季节(7—9 月),平均雨日也有 42 d(雨量占全年的 19%)。

在建宁县调查中,属干旱型样地有 6 个。其中以茅粟为主的样地 3 个。以继木、油茶、茅栗、杜鹃、槠为主,它的周围为 60 cm 以下的灌木丛、芒萁骨及蕨等植被组成的样地 2 个(附近马尾松呈枯老矮树)。还有一个样地处在海拔 800 m 的一个小山脊西南缘,下方 5 m 处是小路,样地坡度 70°,对面的小山岗植物稀少,冲刷严重。其植被主要是一些枯老矮化的杜松、槠、野柿子、继木和茅栗等,它算是我们调查中最干旱的典型样地,但却有两株结果情况极好的中华猕猴桃生长。上述情况说明,在本地气候条件下,土壤干旱不是影响它的地理分布的主要因子。当然,这里不能和喜欢干旱概念等同起来。实际上在整个调查过程中,水分比较充足的地方树冠发育较好,其中也许存在着水分和温度互相作用的综合影响的结果。

从样地的排水条件和土层结构等情况看出,中华猕猴桃都是生长在不积水或雨季不滞水的地方,说明苗期积水对成苗不利。据报道,在新西兰一些种植区经验,"苗木时期土壤不宜过湿,雨量越少越好"。这与我们的调查情况基本相符。

但我们认为,水分本身不是造成根系湿害的生理原因,而是使土壤通气变坏,破坏了根系的正常发育。13 号和 21 号样地(分别在海拔 610 m 和 900 m 处),它们离水沟分别为 1 m 和 2 m,附近草本植物生长情况说明水流是长期不断的。两样地的另一边各为溪坎和 70°斜坡,19 号样地则是在梯田内的一个小空地上,这三个样地土壤水分是极丰富的,但中华猕猴桃树冠发育都很好。尤其 21 号样地,结果情况也很好。单株产量估计可达 50 kg 以上。由此看来,在不影响土壤通气的情况下,水分丰富是有利的。在低海拔的盆地丘陵地带,炎夏有充足的土壤持水量对降温和保持水代谢平衡尤为重要。

(三)光照

中华猕猴桃属慢性落叶灌木。它的树冠总是居于伴生树种的最上层,说明它是一种喜阳植物。我们在阔叶乔木林内看到,它的成熟株能攀缘十多米高的落叶树(枫、黄檀、野漆树等)。另外,在调查过程中看到,结果实比较多的植株总是生长在阳光充足的开阔坡地上。至于低海拔地带在阴凉的环境中出现概率较高,可能与成苗率有关。当然,从这点也可以看出它的耐阴能力比较强。总之,中华猕猴桃居于阳性和阴性两大生态型之间,属耐阴植物。

在植物的自然分布中,光照往往通过对温度的影响起作用,甚至也影响水分平衡。因此,在没有必要的植物解割生理测定情况下,进行具体讨论比较困难。

(四)指示植物及其他

不同树种组成的植被能形成不同的小气候,而另一些植物又可能给我们指示植物群落内的小气候特点。在所调查的样地中,出现概率最高的树种是继木(占68%),其次是圆锥绣球和枫(各占35%)。前两种在山区分布极广,不同海拔高度都能看到,继木在低海拔地区多生长在阴凉或通风条件较好的坡地灌丛中,或稀疏的乔木林中,圆锥绣球在低海拔地区则生长在溪旁、田边等水分比较丰富的地方。在高海拔坡地上,就是较干旱的灌丛中也能生长,这说明地形和水分能引起降温作用。我们在桂阳以西海拔970 m高的一个北坡开阔山凹中(离山顶不到50 m)看到一大片圆锥绣球灌木林,其间中华猕猴桃也成片生长。因此,我们认为:继木和圆锥绣球在坡地上整片出现,说明该处在夏季较凉爽,或者说该地适合中华猕猴桃生长,它们可以充当气候生态的指示种,但必须看它们的分布量,不能用简单有无来判定。至于枫树,虽然出现概率也较高,但在高海拔地带少见,因此它不能用来做指示种。另外,我们在调查中发现、屡槁木姜分布量与中华猕猴桃的分布量相关性更高,但没有中华猕猴桃生长的地方,也很难找到它,所以用它来做指示植物没有实际意义。

从建宁县总的分布情况看,中华猕猴桃生长多的地方,附近总有800 m以上山峰,它可能和气候、种源及某些传播动物栖息环境(如林相及食物丰富度等)都有关系。因此根据调查资料来评价一个地区的中华猕猴桃气候生产潜力,应从各方面进行分析,从诸多因子中分清主次,在不同的环境里起主导作用的因子往往是不同的。如高海拔地带不存在高温危害,水分或其他条件成主导因子。而低海拔地区则应考虑高温危害问题。

五、小结与建议

1. 根据调查结果,我们认为,影响建宁境内中华猕猴桃地理分布的气候因子主要是高温危害,其临界值约 26～28 ℃。因此,在海拔 600 m 以上山地,通风条件较好的丘陵坡地,以及大地形向北倾斜的建宁县南半部丘陵山地对发展中华猕猴桃生产较有利。

2. 中华猕猴桃属喜阳植物,就经济产量而言,开阔坡地优于阴凉环境,在选择果园的具体地段应考虑这一点。

3. 在不影响土壤通气的情况下,水分充足对中华猕猴桃树冠发育有利。

4. 低海拔地区虽然只有零星分布,但说明有生产潜力,在人工栽培的情况下,可以通过遮阴(如间作、套种等)、灌溉等降温措施来发展中华猕猴桃生产。

5. 野外调查的生态表现,往往受到种源和植物种间竞争等因子影响。建议在实施计划前,做一些更详细的生理生态考察试验,如地理移植、定点观测(包括物候与小气候)等,以便鉴定出具体的农业气象指标,为发展生产提供科学依据。